How To Have
Great Ideas

A guide to
creative thinking

图书在版编目（CIP）数据

灵感大爆炸：创造性思维发掘训练 /（英）约翰·恩格
迪沃著；曾薇，祝远德译.—南宁：广西美术出版社，2019.1
书名原文：How to Have Great Ideas
ISBN 978-7-5494-1923-4

Ⅰ.①设⋯　Ⅱ.①约⋯②曾⋯③祝⋯　Ⅲ.①创造性思维
Ⅳ.①B804.4

中国版本图书馆CIP数据核字（2018）第147713号

灵感大爆炸：创造性思维发掘训练

著　　者：［英国］约翰·恩格迪沃	出版发行：广西美术出版社
译　　者：曾薇 祝远德	地　　址：南宁市望园路9号　530023
图书策划：韦丽华	网　　址：www.gxfinearts.com
责任编辑：韦丽华	市 场 部：（0771）5701356
封面设计：陈 欢	印　　刷：广西昭泰子隆彩印有限责任公司
排版制作：李 冰	版　　次：2019年1月第1版第1次印刷
出 版 人：陈 明	开　　本：889 mm×1194 mm　1/16
终　　审：冯 波	印　　张：11.5
责任校对：黄晓春	书　　号：ISBN 978-7-5494-1923-4
审　　读：马 琳	定　　价：78.00元
责任印制：莫明杰	

［英］约翰·恩格迪沃 著

曾薇　祝远德 译

灵感大爆炸

创造性思维发掘训练

广西美术出版社

目录

6　简介：什么是创意灵感

8　锻炼想象力

10　像孩子一样玩耍

16　写下你的宣言或口号

20　提问，提问，再提问

22　保持简单

24　迈出第一步

26　重视你最初的想法

28　说出你最离奇的想法

34　像孩子一样做事

38　留心观察

44　画出你的创意

49　寻求帮助

51　了解谁是创意之父

54　特里会怎么做？

58　想一想"它还可以用来做什么？"

66　发掘你的潜在才能

71　笑一笑，创意到

75　重组思维

80　收藏你的创意

82　寻找关联

86　跳跃思维

88　从失败走向成功

90　举一反三

93　改变固定思维

96　解除烦恼

98　叩问大自然

102　改变你的工作环境

108　　创建独处空间

111　　尝试渗透

114　　改变风景

116　　即兴发挥

120　　走进工厂

124　　相信你的直觉

126　　漫游，沉思与修改

128　　尝试转换

130　　向梦中寻求灵感

132　　劳逸结合

135　　做个白日梦

136　　拥抱荒诞

140　　捕捉机遇

143　　自我限制

146　　套用系统

148　　系统组合

151　　学会讲故事

156　　重视偶然

160　　涉足新领域

162　　边缘交叉

166　　按字面意义设计

172　　逆向思维

174　　个性化创新

176　　了解创作状态

178　　最后一秒

179　　练习，练习，再练习

180　　图片版权声明

182　　致谢

简介：什么是创意灵感

对思维探险者来说，本书是一张藏宝图，它将引领你找到灵感的沃土，挖掘思想的宝藏。

本书的每一章都别开生面，为你提供不同的思维策略、方法或途径，用以激发灵感，激发创造性思维，解决问题。同时，每一种策略方法都深刻地剖析了他人的创意灵感是如何产生的，而各章节设计的任务有利于你深入了解并掌握每一种思维策略。

什么是创造性思维?

创造性思维是一个能激发灵感并产生突破性创意的过程。这一过程可能为似乎无解的难题找到解决办法，也可能使得全新的事物变为现实。

创意就是那些通过深思熟虑而形成的设计、选择和方案。突破性的创意则来源于各种脑力活动的综合，无论这种综合是有意识的还是无意识的。本书将探讨激发创造性思维的各种脑力活动及其产生的条件、前提和环境。

创意之乐

捕捉到创意的那一刻最能使我们感到快乐；与创意邂逅，同样令人身心愉悦。不论是捕捉创意还是邂逅创意，都能瞬间激发灵感。创意灵感能引起你的身体反应，它能刺激胃壁，或让人情不自禁；能让你嫣然一笑，或不自觉地陷入大喜大悲。

灵感转瞬即逝，一旦被激发，就迫切地需要实施行动；它能彻底改变我们看待事物的方式，或者改变我们做事的方法。

革新思维

创造性思维能引领我们找到创意突破中的超级巨星——革新。革新创造出全新的事物，全新的系统、方法或服务，彻底改变事物的现有运行方式。

潜心钻研

你可以把这本书看成释放创意灵感的行动指南。它能用大量的实例指导你潜心钻研，帮助你找到和开发新的灵感。

锻炼想象力

想象力是一种神奇的能力，它能把如万花筒般纷繁复杂的思想、学识、梦想、欲望和记忆重置成一种新的形象或形式。其中，部分形象或形式在现实世界中是虚无缥缈、难以捉摸的。只有想象力才能编织思维，为解决问题提供最令人惊喜的方案。

英国作家威廉·萨默塞特·毛姆曾谈到"丰富想象力源自锻炼"。正如运动员跳高、跨栏或冲刺跑前做拉伸运动或热身运动，为想象力热身锻炼同等重要。有了敏锐、多变和迅捷的想象力，才能让思维展翅翱翔、大步飞跃。

锻炼想象力
一位艺术生正在尝试商标创意游戏。

任务

商标创意游戏：两人一组，拿一张纸和若干彩色记号笔，每位成员大致画下我们熟悉的商品商标或者标志。例如，耐克公司的钩形商标、苹果公司的缺口苹果商标、麦当劳公司的金色彩虹商标，或者奥林匹克五环标志。

然后，交换所画的商标图形。

旋转你得到的图形，左右旋转或上下翻转，试着从每一个角度去观察，发现所有潜在可行的方法，直到能够把图形变成完全不同的样子。然后把你想到的图形在脑海中重现出来，这个阶段就好像你儿时玩的游戏，抬头捕捉天空中变幻莫测、形态各异的云彩，大声喊出这些云朵都像什么。

马上行动，画出脑海中的图形。

用同样方法尝试不同的商标图像。

最佳创意出来了。好的创意令人笑逐颜开——身体反应充分证明了创意的价值。

在上下、左右调整和观察图像的过程中，问题迎刃而解。但是，这个游戏要求参与者有想象力——能够发现可行性，找出关联性，打破看似固定的思维模式；也需要大家快速思考，应对挑战，才能得出诸多创意。所有这些都是激发创意灵感的关键所在。接下来，我们会进一步探索和考察这些因素。

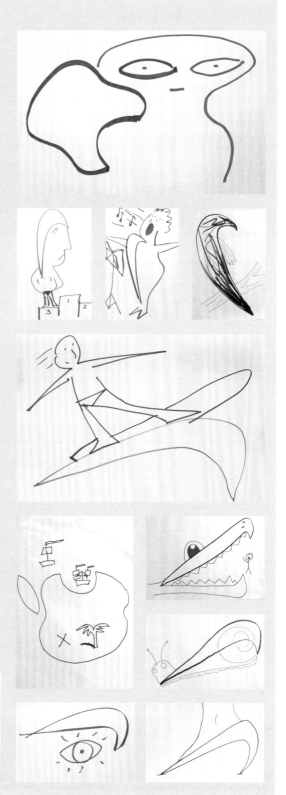

像孩子一样玩耍

对于小孩子来说，一个简单的硬纸盒可以变成任何他想要的东西——汽车、飞机、房屋、堡垒、邮箱、船只、摩天大厦、宇宙飞船、机器人服装等；一根棍子或一块木头变成了星际大战中的激光剑、骑士剑或棒球棒……通过玩耍手边任何一件物品，单词也好物体也好，总能激发各式各样的奇思妙想。

战斗游戏
玩耍过程中，随手拿来的物品可以有无数用途。图中树枝变成了骑士的宝剑。

出去玩耍

人们需要重新发现童年的玩耍时光——那段"盼望着下课、盼望着放学"的校园时光。在无忧无虑的游戏玩耍中，生活的繁文缛节被暂时忘却，客观事物的运行规律也被抛之脑后。设计师罗恩·阿诺德把他的伦敦工作室描述成一个"创新思维运动场"。尽管经常乱作一团，但不得不承认，运动场是每个学校最具创造力的地方。现有的布局往往也适用于设计游戏，如墙壁、扶手、栅栏和标杆通常会被用作游戏工具和器材，创造出新的玩法。运动场也成为孩子们展示出众才干的地方——自发创意、即兴表演、独特创意、辩论口才、创造发明、洋溢激情、合作配合，以及令那些追求创意灵感的成人赞不绝口的绝活。

一些创意公司和教育改革项目在这点上受益颇多。工作中，他们让电脑退居二线，取而代之的是创建了一个提供各种建筑材料和模型材料的工作室，这样就能把他们的好创意以最快速度做成有形物件。他们还为工作室创造一个共享空间和一个自由空间，在那里，你可以作为参与者，悠然自得地尝试在玩耍中获得新灵感。

把盒子当玩具的游戏
游戏中，每种物品都可以为创意提供无限可能。

游戏时间，1928 年 / 1929 年
艺术家约瑟夫·阿伯斯和他的包豪斯建筑学派学生们，正在玩耍试验中创作硬纸板建构。

要想成功，你需要具备玩游戏的心态，把其他人当成重要的玩伴而不是同事。（参阅第8页"锻炼想象力"和第102页"改变你的工作环境"）

带着玩耍心态去创造

包豪斯建筑学派大师约瑟夫·阿伯斯认为，通过玩耍各种手工材料而获得一些亲身体验的经验，不仅能带来创意灵感，还是所有设计工作的一项重要训练技能。请记住这句话，把挑战当成玩耍而不是工作。带着一种玩耍的心态去创造。

"最有价值的作品往往反映的是一个看似戏谑却巧妙的创意，而非刻意为之。"

詹姆斯·奥美，《不设目标的人生》作者

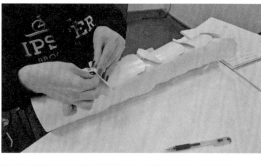

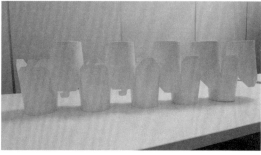

游戏时间，2015 年
通过利用高科技和新材料的创意玩法，设计系学生为自己寻找出各种新奇的物品结合和使用的方法。

任务

请用硬纸板盒子，创作你想拥有的椅子模型。
不得使用胶水和其他材料。
要求：
第一把椅子，只准用手撕。
第二把椅子，可用剪刀。

任务

请用塑料杯和剪刀，创作音乐。用杯子来演奏，尽可能多地发现不同乐音。演奏并记录下塑料杯交响曲。

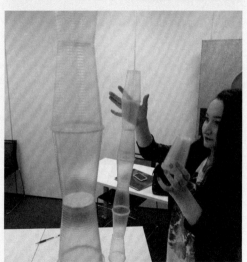

任务

文字游戏。就像玩捉迷藏——搜寻隐藏在其他文字后的文字。

写下你的宣言或口号

宣言或口号是指个人或群体公开表达自己的信念和抱负的一种形式。许多艺术思潮，人们通过展示宣言来表达革新和激进的思想。

不少宣言中充满了火药味极浓的挑衅词句，甚至直接号召拿起武器。而最鼓动人心的宣言则是战争檄文，召唤人民迅速集结并联合起来去战斗。详见超现实主义、达达主义、风格主义和境遇主义等艺术思潮的宣言。

座右铭和箴言也是如此，旨在陈述简明宗旨和信仰。埃姆斯工作室的座右铭是"create the best, for the most, for the least

（做到最好，造福最多，消耗最少）"，现代主义运动的箴言是"Form follows function（功能决定形式）"，而产品开发公司IDEO在加利福尼亚州的工作室用"鼓励奇思妙想"和"站在巨人肩膀上思考"来激励员工不断创新。

不落俗套

宣言、座右铭和箴言时时刻刻提醒人们，不要放弃自己的立场，不要放弃自己的信念，即使在新挑战中也不要放弃自己的原则。这些文字告诫人们不能放弃创新——不要让脑海中弃"新"图"旧"的欲望阻止探索新事物的脚步而回到俗套中。

好吃的食物
设计系学生汤姆·米切尔设计的可食用的箴言面包。

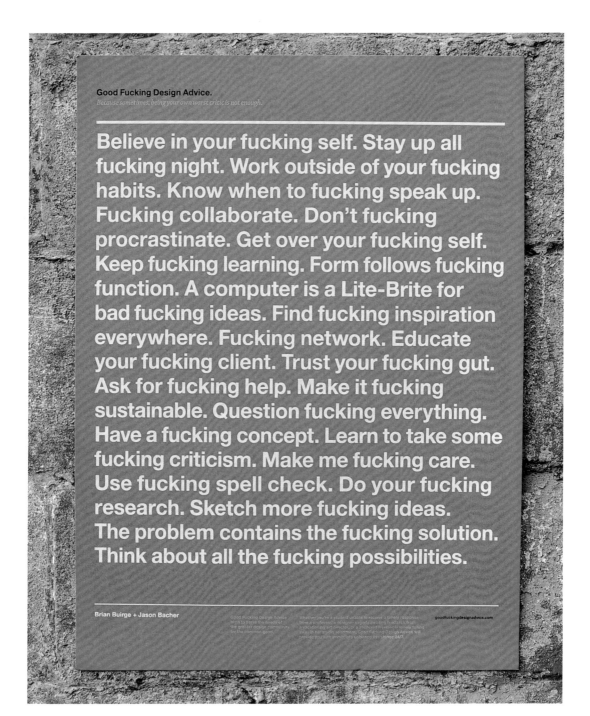

设计作品——该死的好建议

由布莱恩·伯居和杰森·巴彻设计的这篇
宣言令人难以置信，脏话连篇的文字既激
励人又刺激人。

Creativity = Play. Don't play safe!

创造性 = 玩
玩就玩出新花样!

任务

为自己设想一个口号或座右铭，明确阐述你的立场观点。你的信仰是什么？你想获得怎样的成就？

用乐高积木做的标语板（左上图）
设计学者劳拉·马丁用乐高积木做的标语板。（参阅第 10 页"像孩子一样玩耍"）

爆炸物（右上图）
一位艺术生的标语作品《战争召唤》。

提问，提问，再提问

毫不留情地提出你的质疑，能帮你提炼出获取灵感的思想精华。用问题挑战各种看似无可挑剔的假设。把解决问题看作拼图游戏，用提问的方式尽可能多地收集信息碎片，最后系统地解释尽可能多的事实真相。

> "在这个世界上唯一愚蠢的问题就是没人提出问题。"
>
> **谚语**

罗德·肖，《提问，提问，再提问》，
2015 年
参阅网站 www.nonpareilpress.cn.uk

别怕提问

如果总抱着"我这样问就太蠢了"的想法，无疑会阻碍在那些尚未开发的思维领域中灵感的萌发和创新的方向。你需要不断质疑那些看似显而易见的真理或者那些已经盖棺定论的观点。在19世纪70年代，工业设计师肯尼斯·格兰奇受英格兰铁路局委托设计一款快速列车。当时一个看似幼稚的问题浮现在他的脑海里——"机车的缓冲装置有什么用处呢？"他期待的回答是"傻瓜！当然是防止火车撞上站台啦！"然而，答案却不是他所想象的。缓冲装置是用于车厢之间的缓冲而设计的装置，这个多余的装置却用了很多年。于是，格兰奇将它们废除后，设计出流线型火车，这在英国掀起了一场列车旅行的革命。

为了摆脱种种羁绊，提出问题的方式可以变化多样。例如，写下所有你害怕提问的东西，与组员互相交换，然后提问，如此一来你就可以代替他人提问，避免窘迫；或者规定每个人必须轮流提问；或者为了扭转白热化的尴尬局面，干脆说"如果你没有问题就举手"。（参阅第172页"逆向思维"）

用问题来打开思路

美国平面设计师鲍勃·吉尔使用问题策略巧妙地解决了设计和广告问题，他的口号是"一个独特的问题会激发独特的解决方案"。（参阅第16页"写下你的宣言或口号"）在为受邀来英国的意大利展览商设计广告时，他反问自己："我如何让意大利来到英国？"在为一对夫妇设计感人的卡片时，他又问自己："一对夫妻要是感动，令他们感动的究竟是什么？"同样，他受到"和平究竟是什么样子？"这一问题的启发，设计出壮观的纽约和平纪念碑。问题打开了他的思路——如果战争结束了，全世界会淹没在成千上万吨的废弃弹片中，可以把它们做成巨大的雕塑安在大理石底座上。

托马斯·赫斯维克的伦敦工作室通过问题来开展新项目、发掘新材料、采用新方法。他们问自己"你能只用两种材料建造一幢大楼吗？""窗户必须得是平的吗？"通过问问题和讨论，最终得出的结论，是提问的时候无论如何都想不到的。比如，工作室最令人印象深刻的问题是"怎样才能让每一个国家都参与采集和点燃奥运圣火的活动？"（参阅第58页"想一想'它还可以用来做什么？'"和第90页"举一反三"）

任务

通过纯粹提问的对话来培养提问技巧。你能用提问的方式来回答别人的问题吗？

保持简单

问题的简化与个性化

超负荷的信息通常让问题变得晦涩不清。花时间去了解和定义你面对的问题是什么，能让你有一个清晰而独立的认识。你能把它简化成10个字、5个字或仅仅3个字吗？问问自己："我要做的一件事是什么？"如此便可以找到让你激动的个性化解决办法。简化问题——剔除各个多余成分，留下精华，直达问题的本质。

简化解决办法

最简单的点子往往是那些最能激发观察者想象力的，要寻求最经济的方法来传达你的思想。

可以更简单些吗？

水晶宫，建于1851年伦敦世界博览会，是当时世界上最大的玻璃结构建筑。值得注意的是，这座由建筑师约瑟夫·帕克斯顿设计建造的宫殿，仅用了48种构件，每种构件使用量达到上千件。巴恩斯·沃利斯设计的巨型飞艇仅用了11种不同材料，而托马斯·赫斯维克重复运用了2种材料就设计出了一幢大楼，托马斯·爱迪生只用了一次性混凝土浇筑就建造出一栋房子。

"想变复杂很容易，想变简单却很难。"

布鲁诺·穆纳里，艺术家和设计师

"最大化意义，最小化手段。"

设计师艾布拉姆·盖布斯的座右铭（参阅第16页"写下你的宣言或口号"）

"创新就是让复杂的东西变简单。"

查尔斯·名古斯，爵士音乐家

"好的设计就是尽可能少用设计。"

迪特尔·拉姆斯，设计师

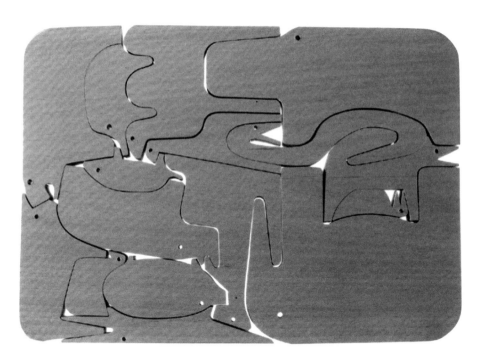

恩佐·玛丽，《16种动物拼图》，1959年
意大利设计师玛丽设计的绝妙的简易拼图，能看出16种交错在一起的动物。

任务

小报标题会尽可能地简化字数。关于英国首相大卫·卡梅隆无意将女儿遗忘在酒吧的婴儿车里就驾车离开的故事，被小报用一个词描述出来——"卡氏健忘症"［注："camnesia"是"cameron（卡梅隆）"和"amnesia（健忘症）"组成的复合词］。

为新闻故事写标题：

《星球大战》粉丝抵达威尼斯参加见面会。

海底电缆被切断，欧美互联网断网一天。

任务

作家海明威完成了一个著名的挑战项目——用6个字写下了一个故事。尝试一下，挑战自己，用140个字写出该故事的完整版并上传到Twitter网。

迈出第一步

想要应对挑战吗？想从头开始新的想法，还是继续你认为值得追求的不成熟的想法？那就迈开第一步吧！在纸或电脑上速记下任何你能想到的事情，在这个阶段不必追求语言连贯或结构清晰。

不要拘泥造作。你可以简单记下你脑海中的第一个想法，然后找出与之关联的任何东西。打开思路，大胆尝试。不要忘了你的座右铭，要打败你心中的批评家——整天在你大脑中说"这不行""放弃吧"的那些愤世嫉俗的家伙。

学会如何让自己迈开第一步是理解创作过程的重要步骤。

"迈出第一步，是最难的一步。"

格拉哈姆·莱因汉，爱尔兰戏剧作家

"每当迈出第一步，我总是很惊讶——原来自己一点也不差。"

弗兰克·盖里，设计师

"失败乃成功之母，迈出第一步就能通向成功。"

斯坦·威尔逊库伯，工程师和发明家

任务

迈出第一步
在这里写下你最近想到的任务的标题。

吉姆·特勒尔，《最好的方式》，2014 年
参阅网站 www.jimmyturrell.com

THE BEST WAY TO GET SOMETHING DONE IS TO BEGIN

重视你最初的想法

人们最初的想法完全禁不起考验，因为往往感觉一切来得太快太容易，一旦受到诱惑便不能把持。但是，往往那些最初的想法就是完美的想法。

当大脑遇见挑战的那一刻，它立刻进入混乱的状态，像一台老虎机疯狂旋转，完全没有逻辑和章法。如果幸运的话，你可能会在短暂的狂热下中份头奖，蹦出一个用其他任何方式都难以获得的想法。

多想想你最初的想法，那个在你脑子中灵光一闪的冲动反应。最初的想法能让你全神贯注在问题上，并思考好下一步。

任务

....

收集并整合最初的想法，为收集起来的想法定个主题。

说出你最离奇的想法

在国际汽车展览会上，众多制造商展示了各自最新款汽车——通常在汽车风格和颜色上对去年的款式稍作改动。更有趣的是，新款汽车还展示了这些生产商们最离奇的想法。

生产商把它们称作概念汽车。作为不同思维的产物，概念汽车让设计者摒弃了内心的恐惧感，这种恐惧感是由媒体、同行或者公众讥讽造成的。对嘲弄或侮辱的恐惧意味着许多好创意消失在教室里、实验室内或工作场所中，也意味着似乎只有成功人士、头衔高的人或社会地位高的人才有自信去分享其思想。要摆脱这种恐惧，就要大胆说出你最离奇的想法。

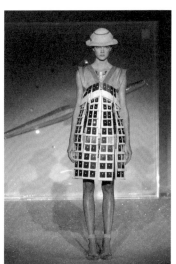

莫 里 滋 · 沃 德 梅 耶 尔，LED 光 环 帽，
2012 年（上页图）
向德国设计师莫里滋·沃德梅耶尔脱帽致
敬，他为一场爱尔兰帽子生产商举办的时
尚秀设计了这款精美绝伦的帽子。LED 灯
旋转叶片在佩戴者的头上形成了一个脉动
空灵的光环。

侯赛因·卡拉扬，变形的裙子，2007 年（上图）
侯赛因·卡拉扬因他设计时绝妙地使用材料和
科技而闻名。他的时尚秀设计灵感让人惊奇。
这些在他"111"秀上的裙子的演变逐一展现
了时尚历史上不同形状的款式设计。（参阅第
58 页"想一想'它还可以用来做什么？'"）

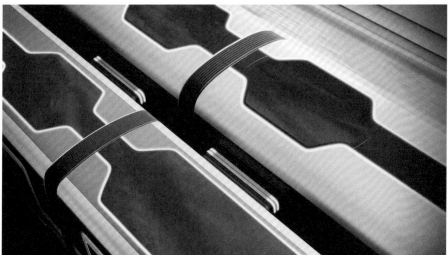

古怪的标准（上页图）

时尚产业青睐奇思妙想，就像图中玛丽·卡特兰佐品牌设计了新奇的打字机连衣裙。

疯狂的创意火车（上图）

移动站台是设计师保罗·普利斯特曼的创意构想。坐上这列火车，你可以从当地站点到达世界上任何一个地方，不需要下车也不需要停车。

参阅网站 www.preistmangoode.com

浮在云中的创意

Aircruise 是一架现代豪华酒店式巡航飞艇，由西蒙·鲍威尔创意公司设计师们设计建造。这一创意打破了传统的度假和旅游观念。尽管飞艇飞得很慢，但航行就是你的旅行目的，而不仅仅是为了到达目的地。

参阅网站 www.seymourpowell.com

你最放荡不羁的创意想法是什么?

本图由设计系学生创作,与"你最放荡不羁的创意想法是什么?"相对应。(参阅第 44 页"画出你的创意")

并非所有的产业都像汽车产业。时尚产业——设计和摄影,是一个时时要求和欢迎那些天马行空、荒诞不经的创意的领域。

建筑界也如此。拥有雄厚实力的阿基格拉姆集团提出,对建筑业而言假设的创意比设计图重要,例如,可以遨游山水的行走城市,可以随时拔插开关的插座城市,可以互换框架结构的规范化住宅。这种激进的创意思想影响是巨大的,从法国蓬皮杜国家艺术文化中心到批判设计运动我们都可以找到其影响。

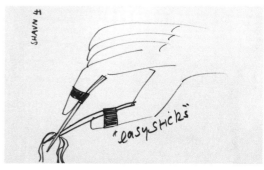

任务

在阿基格拉姆派的启发下,提出一些有关未来城市样子的奇思妙想。

像孩子一样做事

如果摆脱成人生活的羁绊，重新像孩子一样行事，就能让我们变得思想丰富、才思泉涌。因为孩子们总能带着满腔热情投入各种活动，而这点在成人世界中非常难得，因为他们对同伴所说所想完全无动于衷。

孩子们无穷的想象力受到了童话世界、童谣、卡通画、皮克斯动画、迪士尼动画、尼克·帕克电影，还有像罗尔德·达尔、莫里斯·桑达克、苏斯博士等作家在书中描绘的新奇世界的影响。罗尔德·达尔和帕布罗·毕加索、托马斯·赫斯维克、保罗·史密斯等创造力非凡的名人一样，有顽童般的性格。他曾经说："我下楼梯来到我的小屋，那里尽管逼仄昏暗却温暖惬意，只要待上几分钟我便可以重返孩童时光。"（参阅第109页）

学孩子过家家

像孩子一样玩过家家的游戏，重新找到你的惊人创造力。在这个过程中，任何东西都可以重新为你服务，一个装满旧衣服的盒子似乎蕴藏着巨大的潜能。（参阅第10页"像孩子一样玩耍"和第58页"想一想'它还可以用来做什么？'"）

孩子会肆无忌惮地说出他们异想天开的想法和问题。在所有大人都说皇帝穿了新装时，

> *"当我是个孩子的时候，我希望自己变成一封信，这样就能周游世界了。"*
>
> 卡尔，邓恩郡的马戏演员

> *"摄影师必须用新奇的眼光看待世界，就像新生儿第一次看到世界一样。"*
>
> 比尔·勃兰特，摄影师

> *"对我来说，喜剧能让我保持孩子般纯净的心，笨拙地编造故事，即使表演得再矫揉造作，在人们面前也不尴尬。"*
>
> 珍妮弗·桑德，喜剧作家和演员

只有孩子才会说出皇帝没有穿衣服。克服成人被提问时怕他人取笑的恐惧，而是像孩子一样说出脑海中天真无邪的想法。（参阅第20页"提问，提问，再提问"和第28页"说出你最离奇的想法"）

孩子提问时所表现出的天真无邪和坦率直白，让我们能够突破成人世界固有的思维模式。罗伊·李奇在被孩子问到"爸爸，为什么你不画卡通画呢？"的时候，他开始创作虚构连环画，就是这一次转折让他从一位无名画家变成美国艺术家中的领军人物。同样的，英国作家罗杰·哈格里夫斯的儿子问他："愉快是什么？"他从此开始创作他最畅销的著作《奇先生的故事》。美国科学家和发明家埃德温·赫伯特·兰德的女儿问他："为什么现在不能看照片？"他受此启发发明了宝丽来拍立得相机。

"我想孩子们思维活跃大概是因为他们在睡着之后大脑还在想着那些激动人心的睡前故事。"

约翰·费尔沃特，设计师

玩过家家
爱丽丝帮一对双胞胎准备一场虚拟的战斗游戏。炖锅、煤斗、托盘和其他家用物品被创意性地组合为双胞胎的盔甲。这幅由路易斯·卡洛创作的插画摘自约翰·田尼尔的《穿过梳妆镜》。

任务

毕加索宣称，"每一位孩子都是艺术家"，又说"问题是如何保证其长大后还是一个艺术家"。格雷森·佩里回想起这段话，结合他接受的艺术训练和他的职业生涯，感慨万分："我仅花了四年时间学习拉斐尔的画，但却将花上一生时光来重获我在玩乐高积木时感受到的愉悦与自由。"现在就从架子上取下乐高积木，尽情地玩吧！乐高玩法极其有创意，可以被用作艺术字体、卡通绘画、时尚服饰，也可用作苹果iPod的模型和创作音乐电视。如由米歇尔·冈瑞导演、著名白色条纹乐队参演的商品广告《爱上少女》。

留心观察

保持一颗好奇心，留心观察周围一切有趣的事情，你会发现自己总能找到吸引你的创意。

　　科学家盖伊·克拉克斯顿评论说："有创造力的人往往是善于观察的专家。"他们拥有高度发达的观察能力——发现、搜集并利用被他人忽略的事物。不要让好奇心无所作为，把它调动起来，灵感来源于对周围世界的好奇感。要爱追问，要爱观察。

"想要有创造力，先有好奇心。"

菲利普·斯达克，设计师

"好奇心是心灵的欲望。"

托马斯·霍布斯，哲学家

视觉宝藏（本页图）
在街上发现的相互"拥抱"的椅子、大步行走的男人和扑朔迷离的自行车。

视角搞怪（下页图）
你稍作观察就会发现事物之间偶然巧合的联系。摄影师彼得·丹斯在赛马会上的抓拍。

"我的工作就是发现别人忽略的东西。"

格雷森·佩里，艺术家

"真正的发现之旅并非意味着发现新的风景，而是带着新奇的眼光观察原本的世界。"

马塞尔·普鲁斯特，作家

赶快开始寻找你周围环境丢弃的视觉宝藏吧！偶尔发现事物之间的巧妙联系，那些看似不可能的组合就发生在我们身边。寻找使人灰心丧气的事情、解决不了的事情。（参阅第96页"解除烦恼"）寻找城市与乡村之间那些未经雕琢设计却巧夺天工的方方面面。（参阅第66页"发掘你的潜在才能"）

换种眼光看世界，换条路线去你经常去的地方，用不同的方式去旅行；打破常规，或踱步或慢行，这样你看事情的角度将大不相同。带着照相机或笔记本，搜集并记录你所发现的灵感吧！

"你只需要走出去，留意观察人们每天都习以为常的地方和每天司空见惯的事情。"

加文·普雷托尔-平尼，《赏云社》作家兼发起者

发现机会（上页上图）
留心观察带来商机——似乎骑自行车的人找不到防水坐垫。哈！我可以发明一个！

发现需求（上页下图）
留心观察能带来需求——这里需要一个垃圾箱。

发现智慧（本页图）
寻找平常之物的新奇用法——伦敦街头栏杆有很多意想不到的作用，上海街头自行车师傅在寒冷的冬日里把电话亭当成他的办公室。（参阅第 150 页）

任务

发现并收集那些因破损、修葺、陈旧、腐烂、破溃、分裂、更新、替换、光、影、雨或雪等无意中形成的不同面孔、动物、字体和数字。注意，有些需要转过来、上下颠倒或反过来才能看出样子。

画出你的创意

把你的想法简单画出来，有助于创意的开发设计。最初的想法可能是模糊不清的，画出来能帮助这些尚未成型的思路得以完整展开。通过手中的画笔把大脑中的想法表达出来，这一过程能让创意稳妥地被设计出来。无需艺术细胞，只需胡乱地潦草涂鸦。在广告行业中，创意被画到纸上叫作草图，或者缩略图；在电影制作中，创意被画到纸上叫作剧情梗概系列图片。

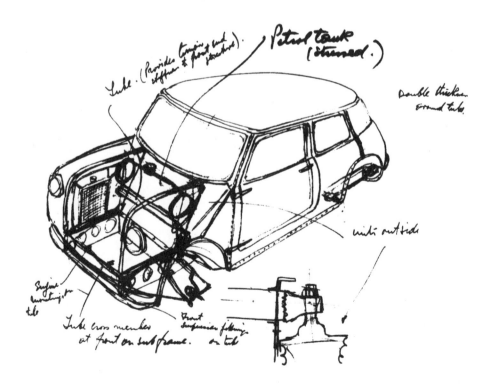

当灵感在脑中忽然闪现，就会有一种内在的驱动力推动我们迅速把想法画下来。应立即捕捉这一瞬间闪现的清晰画面，并记录下来。有一个悠久的传统是在信封或餐巾纸的背面作画——信封和餐巾纸都是手边最便捷的材料，人们往往信手拈来把临时想出的创意写在其背面。

约瑟夫·帕克斯顿利用在车站餐厅等火车的间隙，匆忙地将其革命性设计作品——水晶宫建筑蓝图画在餐巾纸上；艾力克·伊斯戈尼斯在信封背面匆匆地记下迷你汽车的革新设计；在威尔士的沙滩上，工程师莫里斯·威尔克斯用手头上唯一可用材料——湿沙，记下路虎汽车最初的灵感。将创意图像化的同时也帮助人们与他人分享想法，其中包括搭档、合作者和客户。特里·吉列姆曾说拍摄电影时，图像有时是人们之间最便捷的交流方式，它向人诉说思想，无论是关于服饰、设备还是摄影师本人。

迷你汽车草图（上页图）
艾力克·伊斯戈尼斯的迷你汽车改良设计图。令人惊讶的是，伊斯戈尼斯是在信封背面甚至是桌布上，完成了几乎整个设计和说明书。（参阅第93页"改变固定思维"）

可视思维（上图）
中国的艺术系学生用图像化形式展示他们的想法。在小组任务中，他们要创作一幅从经过的飞机视角看到的巨大的画。最终入选的是一只眼睛的画像。

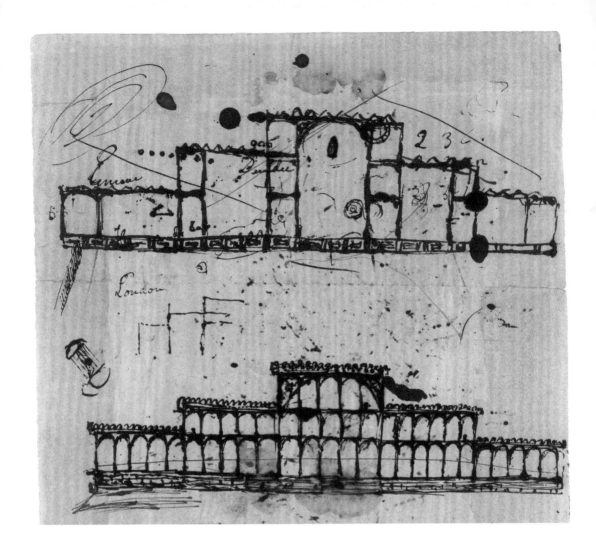

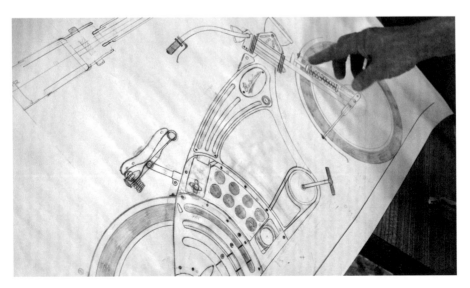

记录下来才不会有遗漏

思想图像化能帮你看到各种选项的优点和特质，同时有助于排除一些选项。至关重要的是，它们让我们的思想清晰化、简单化，直达本质，同时也保证了在想法实施时，创意不会因为过度设计而消失殆尽。尼克·普莱德，是设计师也是设计课程老师，他建议"如果你正处于激发思维的阶段，好的想法应接不暇，你有必要摆脱它们，否则你将会非常迷惑。把大脑中所有的东西都画下来，就可以摆脱脑海中原先使用过但仍然盘踞在你脑海里的诸多想法。记录下这些想法，把大脑腾出来，然后才能翻开新的一页，接受新知识"。

交流思想
这些来自欧洲和中国的设计学习者在用一种全球通用的语言——绘画交流思想、分享创意。

凝结思想（上页上图）
水晶宫视觉效果图被约瑟夫·帕克斯顿画在了纸巾背面。

电车创意（上页下图）
画出车头可以转动的"电动巡航"自行车，设计者杰克·温帕里斯。
参阅网站jackwimperis.com

"图像化就是简单地记下大脑所想。它的价值在于，把大脑中尚未成型的想法以图像的面貌落实在画纸上。你必须做出一系列取舍抉择推进灵感的生成，帮助进一步激发新创意。"

尼克·普莱德，设计师与设计课程老师

任务

画出那些现实世界看不见、摸不着的事物。

创造性的大脑是什么样子的?
数学家的大脑是什么样子的?
音乐家的大脑是什么样子的?

画出不同的音乐符号代表不同的音乐形式——
爵士乐、伦巴舞曲、萨沙舞曲、说唱乐、狂想
乐和古典乐。

寻求帮助

寻找合作伙伴。与他人共事有助于孕育和激发创意灵感；与志同道合的人同行能让思维更开阔，也让自己走得更远。正如喜剧演员约翰·克里斯所说，"与人合作，能带你到达凭借你自身的力量永远到达不了的地方"。

事半功倍的双人组合

值得一提的是，许多创作领域造就许多成功的组合。例如，在戏剧圈，双人组合劳雷尔和哈代、唐·弗兰奇和珍妮弗·桑德斯、特雷·帕克和马特·斯通、里奇·格威斯和斯戴芬·莫昌特；在音乐圈，罗杰斯和海默斯坦、莱农和麦卡尼、戈芬与金、莱伯和斯托勒、莫西里和马尔；在科学领域，克里克和沃森；在航空领域，奥维尔和威尔伯·莱特；在摄影领域，默特和马库斯、皮埃尔与吉勒斯；在艺术领域，吉尔伯特和乔治、诺贝尔和韦伯斯特；在时尚圈，多尔斯和嘉巴那。在合作中，你们可以反复磋商，修改目标，为了获得彼此扶持。你们互相衬托，这样才能发出最为耀眼的光芒。

好的搭档是可靠且互相鼓励的朋友，不怕被批评、被打击，在提出建议时不会轻视彼此的想法。成功搭档之间能产生一种化学反应，一种共鸣，一种惺惺相惜且温情的竞争感。

不同搭档之间的配合也会形成不同的策略方法。例如，莱特兄弟通过争论来解决问题。物理学家弗朗西斯·克里克和生物学家詹姆斯·杜威·沃森在激烈竞争中精诚合作，最终发现了DNA分子。弗朗西斯·克里克曾说过"我们融合了彼此看待问题的方式，并没有考虑沃森从事生物学而我从事物理学。我们共同努力，换位思考，互相指正，这一点让我们比其他的竞争者更有优势"。

找一个顾问

一个知识渊博、见多识广的知己可以作为发掘创意的共鸣板。顾问和导师通常通过提供经验和智慧来扮演这一角色。然而在数字化时代，年轻人对科学技术及其潜在开发驾轻就熟，这也让那些年轻的导师在一开始便得到人们的青睐。

合伙人精神——志同道合的团队

与一群志同道合的人合作，可以像与搭档合作一样让工作卓有成效。你能强烈感觉到自己被一个团结友爱的大家庭保护着，这给你安全感，就像是一群难兄难弟团结起来抵御外敌。

不同时代的艺术家，以各种"主义""主义者"的旗号，聚集了一批批志同道合的人，包括结构主义、达达主义、未来主义、立体主义和印象主义等。（参阅第16页"写下你的宣言或口号"。）

合作团体聚集了不同技能的人，有志同道合者，也有非志同道合者，想要成功，必须要遵守团体章程、成员间相互尊重并忠于团体。获得巨大成功的文化团体包括《辛普森一家》《周六夜现场》和英国Monty Python喜剧六人组等剧目的编剧，他们或者合作编剧，或者个人先创作然后一起讨论，民主决定上节目的脚本。

任务

尝试分别以与伙伴合作和团队合作的方式解决本书列出的部分挑战项目；尝试分别与志同道合者合作、与非志同道合者合作、与不同学科背景的人合作。

了解谁是创意之父

寻找创意之父、发明之母。成为一个创意家族谱系专家——探寻创意的家谱，追踪激发你思想的血亲，找到创意家族的鼻祖、叛逆者和搞怪兄弟姐妹，知道谁是发起人、先驱者和开拓者，以及需要祭奠的英雄们。

跟踪先驱的足迹，了解他们的工作方法和灵感源泉。了解创意本源——那些组织和机构能培育出有国际影响力的思想者。例如，在包豪斯创意公司，其成员在全世界范围内传播现代主义和创新教学法。

文艺运动的族谱和领导艺术家
萨拉·法内利受伦敦泰特美术馆委托，勾勒出现代艺术家族的族谱。你可以在泰特美术馆的大幅壁画上看到他的这幅作品。

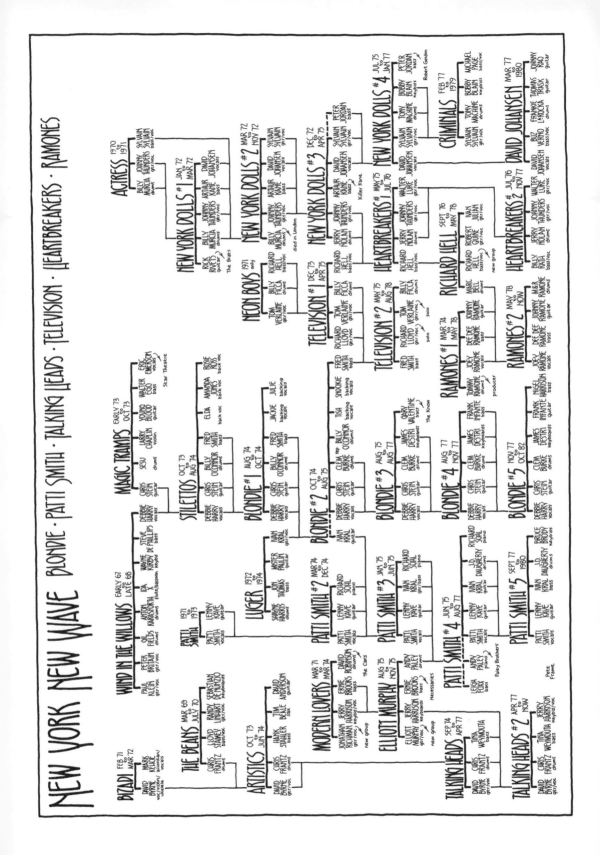

NEW YORK NEW WAVE

BLONDIE · PATTI SMITH · TALKING HEADS · TELEVISION · HEARTBREAKERS · RAMONES

部分创意家族的发起人

现代绘画之父：保罗 · 塞尚（Paul Cezanne）

现代建筑之父：勒 · 柯布西耶（Le Corbusier）

现代广告之父：大卫 · 奥格威（David Ogilvy）

现代化学之父：罗伯特 · 波义耳（Robert Boyle）

美国灵魂乐教父：詹姆斯 · 布朗（James Brown）

现代物理之父：欧内斯特 · 卢瑟福（Ernest Rutherford）

朋克教母：帕蒂 · 史密斯（Patti Smith）

发明之母：弗朗克 · 文森特 · 扎帕（Frank Vincent Zappa）

行为艺术先驱：玛丽娜 · 阿布拉莫维奇（Marina Abramovic）

怪异神魔教父：伊齐多尔 · 吕西安 · 迪卡斯（Isidore Lucien Ducasse）又名洛特雷阿蒙（Comte de Lautréamont）

牙买加斯卡（ska）音乐教父：劳雷尔 · 艾特肯（Laurel Aitken）

表演艺术教父：马龙 · 白兰度（Marlon Brando）、劳勃 · 狄 · 尼洛（Robert De Niro）和阿尔 · 帕西诺（Al Pacino）

莫得音乐振兴之父：保罗 · 韦勒（Paul Weller）

非洲文学之父：齐诺瓦 · 阿切比（Chinua Achebe）

波普艺术教父：科特 · 史维塔斯（Kurt Schwitters）

波普艺术之父：理查德 · 汉密尔顿（Richard Hamilton）

永续设计教父：维克多 · 帕帕奈克（Victor Papanek）

摇滚教母、摇滚圣女：罗赛特 · 萨普圣女（Sister Rosetta Tharpe）

汽车制造鼻祖：亨利 · 福特（Henry Ford）

浩室音乐教父：法兰基 · 纳克鲁斯（Frankie Knuckles）

英国现代戏剧之母：琼 · 利特伍德（Joan Littlewood）

摇滚之父：山姆 · 菲利普斯（Sam Phillips）

发明创造之母：比乌拉 · 路易斯 · 亨利（Beulah Louise Henry），曾被授予100多项专利

工程学之父与工程学之子：马克 · 伊桑巴德 · 布鲁内尔（Marc Isambard Brunel）和伊桑巴德 · 金德姆 · 布鲁内尔（Isambard Kingdom Brunel）

蓝调之父：W. C. 汉迪（W. C. Handy）

三角洲蓝调之父：查理 · 巴顿（Charley Patton）

现代杂志设计鼻祖：阿列克谢 · 布罗多维奇（Alexey Brodovitch）

纽约新浪潮家族谱系（上页图）

在过去的 30 年中，记者皮特 · 弗雷姆制作了这个复杂的家谱系统，它详细呈现了各流行音乐及其分支。

参阅网站 www.familyofrock.net

任务

选择以下的一个学科，并为其分支制作一个详尽的家谱：广告学、相声、魔术、街头摄影、时装摄影、诗歌、建筑学、标本剥制学、工程学或游戏设计等。

特里会怎么做？

英文"inspiration（灵感）"来自拉丁文"inspirare"，意为"吸入（灵气）"。在这里，灵感为你的想法注入了生命力。通过探究"思维家族图谱"，可以发现人类的灵感。（参阅第51页"了解谁是创意之父"）选择其中一位作为你的思想楷模，他可以将思考和行为的方式传授于你。

发明家詹姆斯·戴森将托马斯·爱迪生作为他的思想楷模，因为他从爱迪生的身上学习到了迭代过程，即每个模型只做一个改造，通过一系列的模型确定设计中哪些部分可用而哪些部分不能用。（参阅第88页"从失败走向成功"）

你不但可以从你的楷模身上发现强大的洞察力，而且可学到其创新过程。当你初次遇到挑战时，你还可以尝试使用他们解决问题的方法，这样，你瞬间就能才思泉涌。

作者的一群学生，将这种方法命名为"开启'特里会怎么做'的头脑风暴"，因为他们将摄影师特里·理查德森视作他们的思维楷模。特里·理查德森是一名作风狂野、特立独行且极具争议性的美国摄影师，因蔑视传统摄影方法、设备和规约而众所周知。

在尝试利用"特里"这一事例之后，学生们还会继续追问"蒂姆·沃克 / 黛安·阿巴斯/达米恩·赫斯特将会怎么做？"置于不同的思想状态之下，可以很快激发出他们的思想火花。

穿上别人的鞋子看世界（上页图）
那些鞋子的主人可能穿着这些鞋子以不同的方式遭遇过相似的境遇。设想一下，用他人的视角看看世界？

通过特里的眼睛看世界（下图）
特里到底用砖做了什么？（一些可能的答案，参阅本书第60—63页。）

任务

当你遇到问题时，想一想：
拿破仑将会怎么做？亚历克斯·弗格森将会怎么做？神奇女侠将会怎么做？陈曼将会怎么做？《钢铁侠》里的托尼·斯塔克将会怎么做？你最好的朋友将会怎么做？亚历山大大帝将会怎么做？

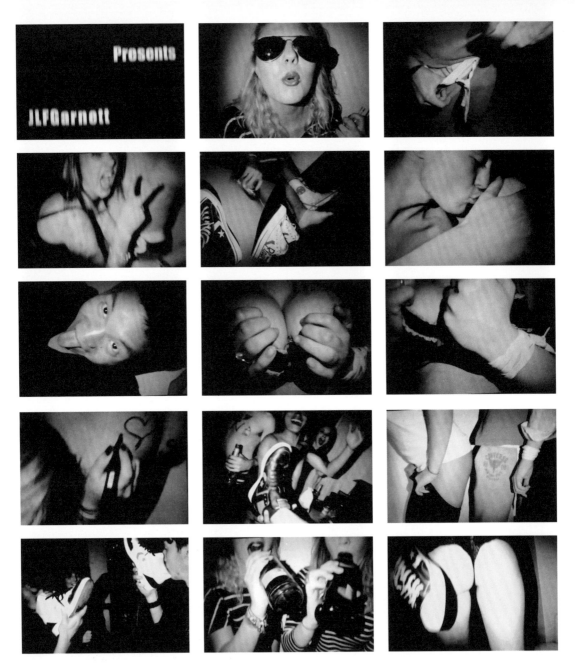

特里会怎么做?

在被建议借鉴特里·理查德森的作品后,
摄影专业学生乔纳森·加内特为匡威制衣
创作了这组让人震撼的获奖广告作品。

参阅网站 www.jlfgarnett.com

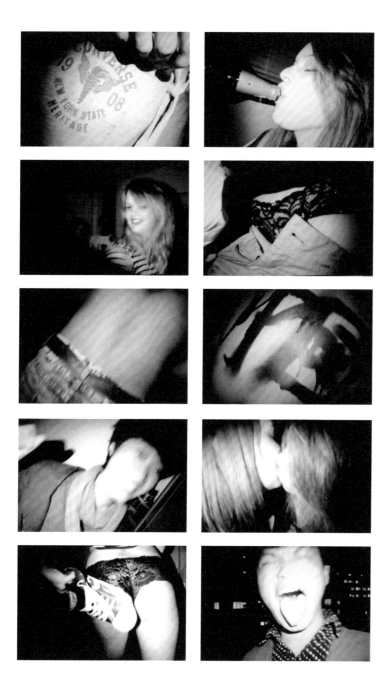

想一想"它还可以用来做什么？"

在《爱丽丝漫游仙境》中有这样一个场景：爱丽丝用火烈鸟做球棍，用刺猬做球，来玩棒球游戏，揭示了这两种动物前所未有的玩法。

我们通过我们习惯和熟悉的镜头认识绝大多数事物——物品、建筑、空间、原料、技术和系统等。我们认为这些事物司空见惯，以至于忽视了事物中蕴藏的许多其他可能。我们反对这样的思维定式，认为事物只能以我们熟悉的方式运作。想一想"它还可以用来做什么？"你将会有新的发现和想法。

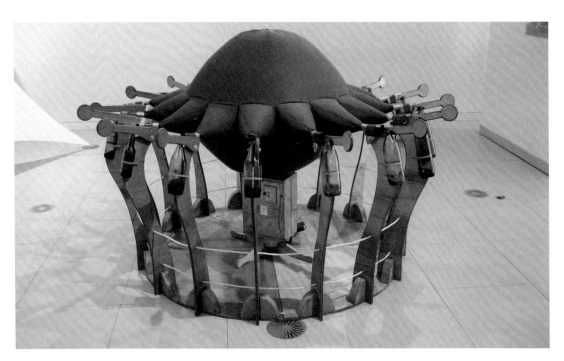

"利用废旧玻璃瓶还可以做什么？"（上图）
雕塑家丹·奈特从这尊华丽的声乐雕塑中找到了一个绝妙的答案——当有人按下把手时，空气就会穿过不同尺寸瓶子的瓶颈，继而演奏音乐。可访问 YouTube 观看并聆听其作品。

钉在衣服上（下页图）
侯赛因·卡拉扬发现了假指甲从未有过的用途。（参阅第 28 页 "说出你最离奇的想法"）

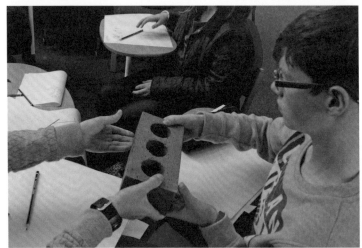

"用一块砖头可以做什么？"

仔细观察熟悉事物的特征，能够发现它们许多新的可能性——通过研究一块砖的形状、结构、纹理、体积、重量、抗渗性、不燃性以及历史文化，可以发现其除建房子之外的用途。

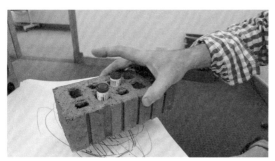

"一块砖头还可以做什么？"

你可以用它印东西、做道具、玩游戏、运东西、排版、量尺寸、开坚果、制作音乐、进行艺术创作、做烘烤面包石头、砌展示橱窗等，无限的潜力诠释了一块砖头的完美形态。

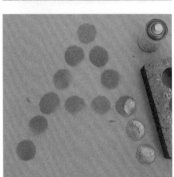

好的创意可以转变事物的功能，比如楚格"干杯"门铃，以及驻阿富汗英国军队使用混凝土搅拌机改装的洗衣机等。

忘掉物品的常规用途，然后观察其所有特征，比如优点、缺点、重量、纹理、味道、颜色、声音、形状、体积、坚固性、可携带性、易碎性、可燃性、亮度、浮力等，继续思考，如果它被扔出去、丢下地、浸入水中或者使劲敲击，又会发生什么？

想一想，通过这种探究，你发现了该事物具有哪些独一无二的特征，你可以将哪些特征互相连接起来？用一个东西不能做到的，你可以用两个、三个乃至更多的东西来做些什么？它看起来还像什么东西？像爱丽丝一样顽皮一些，那些新想法就会不请自来。

经常问一问自己，新技术还有哪些用途。

"用苹果平板电脑你还可以做什么？"（上图）
跨界设计师杰克·舒尔茨发现了苹果平板电脑所具有的一项全新的功能——利用摄影及动画技术来画三维移动字体。

"用玻璃酒杯你还可以做什么？"（上页图）
荷兰楚格设计公司设计师彼得·范·德尔·贾格特曾设计出"干杯"门铃。精美水晶玻璃能够发出清脆的声音，悦耳的干杯声传递出客人到来的讯息。全世界许多设计博物馆的收藏品中，可以找到这款门铃。
参阅网站 www.droog.com

任务

变废为宝——将你信箱里的垃圾邮件变成一些具有很高价值的东西。

一张报纸还可以用来做什么？做一个螺丝锥、一把伞、一个便携式咖啡杯盖、那种可以放在送比萨的盒子里面以避免比萨碰到盖子的隔层装置？扫描仪、3D打印机、旧电脑，或者影像技术，如脑部扫描仪、CT扫描仪、超声波和热感摄像机等这些科学设备还可以做什么？

视野延伸

想了解更多重置创新功能的案例，可观看特里·吉列姆的优秀短片《永保公司血泪史》（*The Crimson Permanent Assurance*）。

发掘你的潜在才能

在路易斯·罗宾逊的戏剧《朱莉与王子》（*Julie and the Prince*）中，国王的小儿子打算建造瞭望塔来保护新斯科舍（Nova Scotia）的海岸及当地民众免受敌人侵扰，可是建造一系列的工程花费巨大，让他焦躁不安。

朱莉提出了一个绝佳的方案："从银行贷款。首先，将这笔资金买下一片森林；然后，委托承包商建造瞭望塔，而你购买的森林可以为承包商建造瞭望塔提供木材。这样，大家皆大欢喜，因为，新斯科舍既可以得到保护，又可以为当地居民提供工作，同时利用剩下的款项来偿还银行的贷款，恐怕还有结余。""妙极了！"王子激动地说。

独创性是一种在别人解决不了的问题上，能够整合并利用资源来想出解决方法的能力。

让有轨电车快速爬上陡峭的山坡需要强大而昂贵的发动机，但是，如果你利用一台机车在另一侧向下坡方向运动，并用缆绳将二者连接起来以抵消机车上下坡的阻力，这样，两边各需要一台小的发动机就可以了。此外，该方法既可以延长有轨电车的运行距离，也可以缩短行车间的等待时间。这就是独创性。

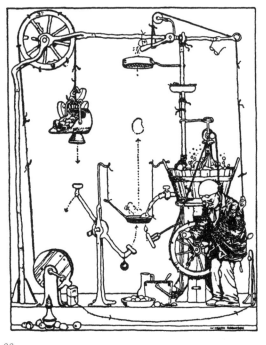

威廉·海瑟·罗宾森煎饼机
威廉·海瑟·罗宾森因为他精妙的发明设计图纸而载入史册，成为荒诞创意设备的代名词。请注意砖头是该设备的启动器。（参阅第58页"想一想'它还可以用来做什么？'"和第136页"拥抱荒诞"）

创意宫殿

约瑟夫·帕克斯顿设计的水晶宫（参阅第44页"画出你的创意"）使用了很多超级棒的建造方式。其中一个例子就是屋顶排水槽的设计，它既能快速将雨水排出，也能为安装玻璃屋顶的小型工作车提供车道，因此可以大量减少脚手架的使用。

GLAZING WAGGON.

太有创意了

独创性让人又惊又喜。看，在马耳他的戈佐岛（Gozo Island）上，海边餐厅门外悬挂的塑料袋中装满水用来抵御苍蝇的侵扰；在古巴哈瓦那（Havana），废旧的炮筒成了路墩，手推车可以成为座椅，带轮垃圾箱和废弃的桌子腿都可以成为板球比赛的用具。

太有创意了

创意的方法，可以让你的茶水保持温热，让你可以优雅地晒着太阳而又不至于让毛巾沾满沙子。

施工创意

建筑工人将一只旧的作业手套放在脚手杆的末端，以避免对木制品造成损伤。

游戏创意

书本可以当作打乒乓球用的球拍和球网。

园艺创意

园丁的独创性体现在保护植物之中，他们使用相同物品来保护他们的植物免受蜗牛、蛞蝓和鸟类等的伤害。

独创性是创造力的特殊分支，别出心裁地利用手头资源可以让人瞬间变得又惊又喜，就像前面提到的故事中的王子一样。通常，独创性的例子会被人们描绘成"优雅""简洁""惊奇"，甚至是"天才！"

找寻到一种具有独创性的方法会给人带来巨大的成就感，因为在这种任何复杂反应都可能导致失败的情况下，是你用自身内在的独创性如变魔术般创造了胜利。

思考解决棘手情形的方法。充分检验手头上每一种方法、材料和物品，并问问自己"它还可以用来做什么？"（参阅第58页）。找出你手头上物品的各种新的排列组合，观察所有随之而来的优势和劣势，可以重新洗牌了，创意解决方案会一跃而出。

任务

利用刀、叉、炖锅、盘子、碗、意大利面、锡罐等厨房物品来设计这样一个系统：以最慢的方式将弹珠或滚珠从房间的一侧运到另一侧。

看下面这幅图，它是由创意发明大师威廉·海瑟·罗宾森和鲁布·戈德堡创作的，他们启发了詹姆斯·佛罗斯特和希恩·莱博斯为OK Go乐队制作精彩短片。也可参阅皮特·弗施利与大卫·魏斯执导的电影《物体运动的方式》（*The Way Things Go*），以及由威登＆肯尼迪公司导演安东尼巴多–杰奎特为英国本田汽车公司制作的"齿轮"（Cog）广告。

灯光创意
设计师杰克·温珀里斯制作一个木质苹果手机盒（iPhone），安装在摩托车车头上，用于拍摄电镀大灯映出的影像。当他在乡间的小道疾驰时，可通过鱼眼镜头看到壮丽的景象——高大的树木、无垠的天空和绚丽的彩云。
参阅网站 kackwimperis.com

笑一笑，创意到

学会如何编笑话和讲笑话是学习如何激发创造力的捷径。幽默被称为"脑力杂技"，和很多创造力一样，它也强调心智的灵敏性——投掷、跳跃、急转身的技巧等，都是成功的关键。

笑话，就是与听众分享自己的奇思妙想。讲笑话就那么几分钟的事，所以，你要设计出一连串的包袱，并形成套路。这也是训练自己拥有更多创意灵感的好办法。为了编好笑话，你应该学会能将不同地方的不同事物联系在一起，这一过程通常被称为连点。连点也是创造性思维的关键，所以，编笑话是培养这一技能的不错选择。另一个判断你讲的笑话是否成功、检验是否有效果的方式就是，他人对笑话的反应——笑了还是没有笑。

法兰克福阳狮集团，"好运达"真空吸尘器
广告
让你开怀大笑的创意。

发现并连点

发现笑点需要找到字与字、词与词或物与物之间意想不到的联系，并将它们融合在一起。很多精辟的笑话，通常运用插科打诨和欲言又止的方式，将两个或者多个不相干的笑点放在一起，从而形成一种斜对称关系。

学会写双关语

"对立面"（Opposite）是路的客餐厅（Roadkill Restaurant）的广告宣传语。学习写双关语是开始写笑话的不错选择，因为双关语是笑话的最简单形式，它利用的就是词汇的一词多义性。尤其是对于店铺老板而言，他们喜欢给自己的商店企业起一个一语双关的名字。例如，一家意大利餐厅就起名"比萨斜塔，意粉相连"（Leaning Tower of Pizza and Spaghetti Junction）；一家花店，名曰"梦里加州，金钟海棠"（Back to the Fuchsia）；一家牛仔商店，叫作"有才牛仔"（Jeanius）；一家酒水商店，称为"葡萄（不倒）星球"（Planet of the Grapes）。就我而言，最喜欢的双关语店名有两个，一个是一位演员为他的咖啡店所起的名字"罗尔（路人）的首选"（First Choice for the Roll），另一个是一家婚宴酒水供应商的名字"你的赞美，一路芬芳"（Catching the Bouquet）。你可以尝试为一家配镜连锁店起一个双关的名字。首先，你可以尽可能多地

"犬伴书香醇，伴犬殊伤神。"

格罗克·马克思，喜剧天才

"从你家格窗（grille）到我家
烤肉（grill）。"

路的客餐厅广告语

搞笑图片
在每一幅图中，两种元素会以意想不到的
方式呈现出来。

列出与眼镜相关的词语，然后进一步扩大搜索范围，给选定的词语找一个同义词或近义词。其次，可以考虑包含你所选定词语的畅销书、流行歌曲、热门电视和电影，考虑与眼睛、眼镜乃至眼镜佩戴者等相关的俚语、俗语、词组、诗歌及表达。

以上这些都是你要的"点"，现在你要做的就是要找出它们之间的联系。选择那些一词多义或者拆解后会有其他意思的词语，并通过词语之间意义的重叠、交叉乃至巧合等将它们联系起来。这需要将前面提到的跳跃和急转身等技巧运用到所发现的东西上。

一些可能出现的双关语：引"睛"注目（Spectacular）；我现在"看"得更清晰了（I can see clearly now）；队长，快看，快看（Eye, Eye, Captain）；只为你的双眸（For Your Eyes Only）；城市之"镜"（Specs in the City）；目青的眼镜店（Len's Lenses）；视觉神"睛"（Optical Nerve）；明眸眼镜（Eyes Right）；一"眼"为定（Eye-deal）；"睛"英会员（V eye P）；此"镜"可"戴"成追忆（Eye'll be seeing you）；一片镜，一片情（A touch of glass）；眉清目秀（Eye Browse）；只选对的，不选贵的（Op-tick, Op-tickle）；大开眼"镜"（Visual-Eyes）；远"睛"眼镜（The Sight Site）；"隐""镜"皆知（Eye to Eye Contacts）；买"镜"还"睛"（Buy Focals）；"目"后交易（Shady Deals）；见还是不见（To see or not to see）；见"镜"之地（Eye Site）；"爱戴"眼镜（I wear）；明眸善睐（Glamour Eyes）；非凡眼镜（Special Eyes）；美"瞳（童）"（Perfect Pupils）。

"幽默和诙谐最能诠释创意的过程。"

亚瑟·科斯特勒，《创造的行为》（*The Act of Creation*）作者

"我曾经受聘于一家旧鞋回收厂，我的工作就是处（nue）理（wo）烂（qian）鞋（bai）底（bian）。"

亚历克斯·霍恩，脱口秀谐星

任务

1. 请为以下商店起一个双关的名字。
   运动鞋专卖店
   美甲吧
   摄影主题咖啡厅
2. 拍摄一系列搞笑图片。

重组思维

转换一下看待事物的视角，可以很好地阐释该事物具有的潜在创意。重组思维，可以通过观察该事物可能存在的每一种视角，并改变其环境——把事物从原有的一种状态置于一种全新的环境之中——来实现。

维维安·韦斯特伍德和杰米·里德，《性、手枪、T恤》（上页图）
在T恤上印图片之前，韦斯特伍德和里德把T恤内侧翻到外面，使机器缝制的接缝和商标成为他们时下传奇设计的重要特征。

罗宾·罗德，《单挑》，2000年（上图）
南非艺术家罗德的灌篮创意：扣篮——利用鸟瞰的拍摄手法，创造出扣篮得分的壮观情景。

弗雷德·阿斯泰尔影片《皇家婚礼》(*Royal Wedding*),1951 年

在电影中有这样一个场景,由弗雷德·阿斯泰尔扮演的热恋中的男主角,突然倒立过来,并在天花板上跳舞。作为一个创意,不管是拍摄的过程,还是阿斯泰尔明显已经脱离地心引力的表演,都绝对是精妙绝伦的。

成盒的线路擦洗布和成箱的汤罐头是超市里再熟悉不过的商品，每个孩子的卧室里都有未整理的床铺，每个肉店的后台都有很多牛肉和羊肉。但是，如果把它们放到艺术馆里，就变成了爆炸新闻。大约100年前，当马歇尔·杜尚申请将一个瓷制小便器背面平放在艺术展时，引起了轩然大波，从而使他成为第一个重组思维并产生影响的艺术家。

正如换个角度看到的形状和样式需要重新考量一样，换个视角看事物并将其置于全新的环境之中，就能激发出新的思考。抛弃那些习以为常的功能，全新的价值就会变得显而易见。

丹尼尔·埃托克，倒立的画笔，2011 年
通过把画纸放在倒立的记号笔之上，埃托克创作了很多绝妙的水彩画。正如它们现在留下它们自己的印记一样，这种倒立彻底改变了记号笔的功能。埃托克为博物馆、艺术馆、电视、电影、设计、广告、品牌和教育机构等创作了很多作品。
参阅网站 eatock.com

任务

使平凡变得不平凡。去建材批发城买一些廉价的物品，然后在家中布置组装，发掘其中意想不到的效果。

收藏你的创意

每个人都会收集音乐，都有自己独特的收藏曲目，因此每个人收藏的前50首音乐大为不同。之所以收集这些特殊的歌曲，是因为它们对我们而言具有某种特殊的含义，提供了一个表达喜怒哀乐，甚至是欣喜若狂的特殊空间。我们只收集这些，是因为它们最能让我们释放自我。

用同样的方式发现并收集创意、物品、故事、笑话、照片、广告、只言片语、印刷品、颜色和演讲句型等。将其中具有创新性思考、独创性和即兴发挥的案例收藏起来。你选择的就是那些——像你喜爱的歌曲之于你那样——对你而言非常重要的东西。

这些收藏都将发人深思——收藏可以阐释理解力，也可以提升技能和拓展知识。收藏可为你提供进一步研究、学习、应用并改进的模式，是在交流中激发你最大潜力的精妙方法。从你的藏品中，找出它们的模式、相关性、不同和奇异之处，并将它们作为激发你的创造性的起点。你的收藏就像是一块块的拼图，一旦它们拼接起来，就会帮助你形成自己独有的思维方式。（参阅第176页"了解创作状态"）

"我的创新性思维一部分来源于我的剪贴簿，我时常将一些对我有启发的具有创新性想法的案例贴在上面收藏起来。"

马可·刘易斯，广告学教师

"我通常会将很多事情记录下来，包括人们在工作时说的一些趣闻，以及我听到的对话，我已经记满好几本子了。"

彼得·凯，喜剧演员

任务

学会适应日常生活中遇到的奇闻逸事，并将平常生活中遇到的非同寻常的内容收集起来，尤其是留意收藏那些印象深刻的事物。

收藏的宝贝
设计师、教师尼克·普莱德收藏了诸如海报、标牌、票据、物品等宝贝。

寻找关联

在形式上，视觉传达中的设计创意通常相当简单明了。在平面设计、广告策划和插图绘制中，部分最上乘的设计创意仅仅简单地使用了两种元素。正是这些元素间的相互作用，才在观众的脑海中产生了一种回响，继而诠释出设计理念。

为了能够成功提出好创意，有必要发现两者相关的部分，并将其进行组合，因为只有组合在一起，它们才能传达你想表达的信息。尽可能多地收集眼前的相关形象，细细揣摩，找出它们在形状、样式或语言间的相关性，并探究每一种关联的可能性，直到出现一个较为成功的关联。

麦当劳将建筑工具引入创意（本页图）
哥本哈根 DDB 广告公司发现建筑工具和麦当劳黄金双拱门"M"标志之间存在极好的关联视角。设计海报上写着"麦当劳将于 3 周内在比尔卡罗德（Birkerod）重新开张"。

回收利用奥林匹克吊环（下页图）
曾获得奥斯卡奖的摄影师和著名平面设计师阿诺·施瓦茨曼设计了这张海报，他成功地将奥林匹克会徽和奥林匹克运动结合起来。（参阅第 9 页"商标创意游戏"）

ABSOLUT ATHENS.

绝对雅典

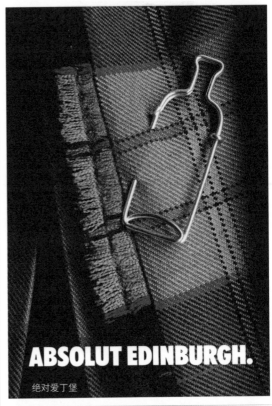

ABSOLUT EDINBURGH.

绝对爱丁堡

ABSOLUT ROME.

绝对罗马

ABSOLUT MADRID.

绝对马德里

"绝对"广告

海报来自一个长期进行的广告宣传活动。
海报中，一个有趣的视觉关联就是将"绝
对伏特加"的形状和一个重要的城市结合
在一起。

任务

为下一届奥运会设计宣传海报。

任务

为下一届足球世界杯设计宣传广告。

任务

为你的家乡设计一张"绝对伏特加"的广告。
选择那些最能进行压缩的建筑、产品、活动或
地点，以便能够将它们融入"绝对"瓶子的形
状中。

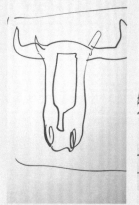

跳跃思维

在本书"笑一笑，创意到"（第71页）和"寻找关联"（第82页）章节中，你尝试了寻找词与词之间和图像与图像之间的联系。为了做好这些，你需要"从河的一岸跳到对岸去"。

虽然这是一句法国习语，但是把它应用到创意之中，可以简洁地概括这样一个事实，即思维的跳跃性应该在事物之间成功地建立起关联。创意大咖有激发"跳跃"的超凡能力，并能够不断找出事物之间存在的尚未发现的新关联。

"纳粹"香蕉皮（左图）
用丢弃的香蕉皮制成的纳粹万字符（卐），
可以隐喻法西斯主义带来的危害。

视觉隐喻（上页图）
共享的甜点，传达平等主义；刻在年轮上
的钟表，寓意生命的稍纵即逝；带刺的心
形仙人掌，代表爱的曲折。

任务

寻找"从河的一岸跳到对岸"的隐喻——一个
物品与其他物品之间存在着等价的特征。例
如，卡在树上的风筝可以隐喻为受挫的野心，
打起的结可以隐喻为困难重重。

古希腊哲学家亚里士多德认为，大步跳跃是创
造性思维的关键："最了不起的事情就是成为
隐喻大师。"

任务

为一场布料设计师组织的晚会编写一个节目
单。建议如下：麦当娜的单曲《物质女孩》
（也是其旗下服装品牌名）、地下丝绒乐队
（The Velvet Underground）或白色条纹乐队
（The White Stripes）的歌曲、演奏波尔卡舞
（也有"女式紧身上衣"的意思）和电影《巴
顿：渴望荣耀》（*Patton: Lust for Glory*）的主题
曲（"Patton"同音"pattern"有服饰图案的
意思）。然后，尝试为以下职业群体编写派对
节目单：摄影师、艺术家、工程师、园艺师、
厨师、汽车销售员。

任务

受约翰·克里斯巨蟒剧团（John Cleese Monty
Python）启发，可以玩一下单词联想比赛。以
组为单位（两人及以上均可），轮流交换单
词。每一次交换时，选手应该尽力思考找出前
一个单词可以运用的语境及其用法，以完成大
步跳跃。例如：热（hot）、咖喱（curry）、偏
爱（favour）、聚会（party）、劳动（labour）、
出生（birth）、巡游（cruise）、汤姆（Tom）、
猫（cat）、胖（fat）、咸肉（bacon）、凯文
（Kevin）、讲话（talk）、力量（force）、空
气（air）、儿子（son）、雨（rain）、王后
（queen）、直接发球得分（ace）、飞行员
（pilot）、热水壶（boiler）、阴谋（plot）等。

该死的常春藤
跳跃思维可以把这
个作为今年圣诞贺
卡灵感的来源。

从失败走向成功

成功而有创意的商业活动、前沿艺术和设计流派，都尝试营造出鼓励冒险、容忍失败的环境和氛围。而教育体系中，学校程式化和可量化操作的苛刻制度与这种趋势背道而驰。

最棒的学校能够营造出敢于冒险的氛围，在这种氛围之中，再大的失败也能够获得掌声。因为他们知道冒险、犯错、打破常规和完全颠覆后都能够有所发现，找到新思路、产生新灵感。

在《伟大的错误》（*Brilliant Blunders*）一书中，作者马里奥·利维奥梳理了错误是如何引领诸如达尔文、开尔文和爱因斯坦等伟大科学家产生新观点的。这些观点，改变了我们对当今世界的理解。

发明家托马斯·爱迪生认为，失败是发现过程的一部分。他制作了1000多个灯泡模型，才取得灯泡试验的成功。恰恰相反，他并没有为上千次的失败而感到失望和气馁，而是说出了那句有名的话——"我从没有失败过。我成功地证明了那1000多种方法是行不通的，排除那些行不通的方法，我就能够找到可行的方法"。

"失败是这个世界上最伟大的艺术之一，我们从失败走向成功。"

查尔斯·凯特灵，多产发明家和太阳能利用先驱

"我做的试验十之八九失败了，这应该是所有科学家中算是不错的纪录了吧。"

哈罗德·克罗托，诺贝尔奖获奖科学家

"不怕失败，是创新的本质。"

埃德温·兰德，宝丽来相机发明者

"屡战屡败没关系，屡败屡战会更好。"

塞缪尔·贝克特，作家

"艺术学院应该是一个做试验的地方、一个特别自由的地方、一个容忍误解和犯错的地方。"

格雷森·佩里，艺术家

任务

运用爱迪生通过失败来进行发明创造的方法，找到一张卡片或纸片能够飞出的最远距离。纸片或卡片请选用最简单的材料。

现在，尝试找出一张卡片或纸片在落地之前，能够在空中停留的最长时间。

飞行试验
通过不断对模型的改进和测试，学生会从失败走向成功。

举一反三

发现相似性，可以启发新思路，取得新突破。相似性就是一事物与其他事物之间存在的可比性。从以下问题中可以找到相似之处——"这个像什么？"或者"之前，这个问题是在什么情况下解决的呢？"

工程师马克·伊桑巴德·布鲁内尔（名人伊桑巴德·金德姆·布鲁内尔之父，参阅第53页），在观察船蛆打洞时受到启发——船蛆在打通船体时一边打洞一边用硬白垩材料来封堵虫洞，从而找到了开凿泰晤士河隧道的盾构技术。以船蛆为样板，布鲁内尔革命性地设计出具有独创性的隧道系统，它可以让工人同时进行隧道的挖掘和封堵工作。（参阅第66页"发掘你的潜在才能"）

1843年开工伊始，泰晤士河隧道就被称为"世界第八大奇迹"。直至今天，布鲁内尔发明的"船蛆系统"仍然是隧道挖掘使用的基本方法。在建造长50公里、距海床40米的英吉利海峡海底隧道时，该方法也得到了应用。

托马斯·赫斯维克设计的约克郡隔音墙（下页图）
通过类比，赫斯维克设计了用于降低车辆噪声的隔音墙，并建在英格兰北部一条穿过居民区约2公里的高速公路两旁。通过了解录音棚将卵形盒子粘在墙上用来抑制声音，他发现，只需找到与其类似的更大的东西就可以了，于是他想到了交通锥标作为解决手段。
参阅网站 www.heatherwick.com
2012年伦敦，在维多利亚＆阿尔伯特博物馆举办的作品展上，赫斯维克又利用交通锥标，设计了一个相当惊艳的入口雨棚。（参阅第58页"想一想'它还可以用来做什么？'"）

"创意从哪里来？来自从一件物品中看到另外一件物品。"

索尔·巴斯，设计师

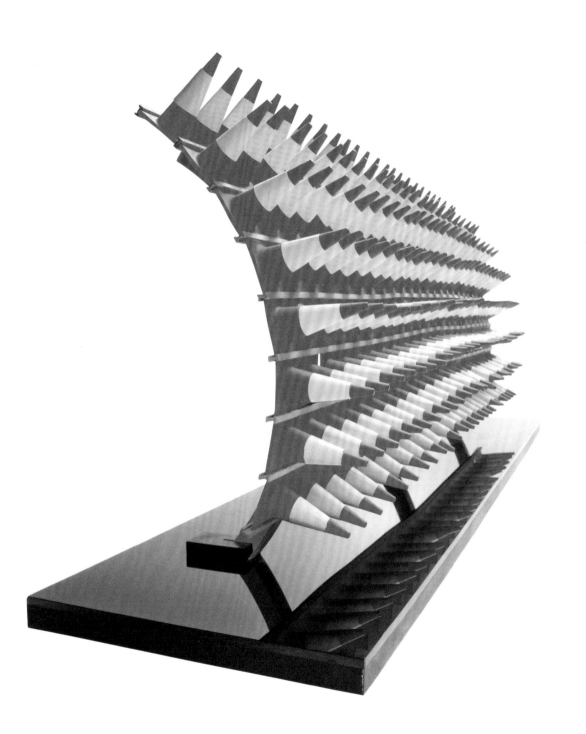

约翰尼斯·古登堡看到葡萄酒榨汁过程后，意识到可以用印刷机运行原理创造出完美的葡萄酒榨汁压榨机器。莱昂纳多·达·芬奇基于海螺壳内的螺旋结构，为法国国王设计出了螺旋楼梯。（参阅第98页"叩问大自然"）

哈利·贝克发现电路图中用于指示电路连接的方法简单而确切，这启发了他设计出具有革命意义的伦敦地铁图。詹姆斯·戴森通过类比锯木厂收集木屑的系统，发明了家用真空吸尘器。（参阅第146页"套用系统"和第96页"解除烦恼"）

类比思维

在很多情形下，试问"此前，这个问题是在何种情况下解决的？"可以帮助我们找到问题的解决办法。其中的一个例子，可以参阅本书第89页，制作纸质模型。在这种情形下，基于如球类、飞盘、美式橄榄球、标枪、飞镖和滑翔机等可以扔得很远的东西，以及利用工具如石弩、弹弓等可将物体射入空中的办法，我们可以通过类比思维，进行创意设计。同样的，这种思考可以帮助我们找到让纸片飞起来（如设计纸飞机）及让纸片飞得更远（如最成功的创意方法就是在卡片上贴上邮票，并寄往澳大利亚）的创意方法。

任务

运用视觉类比，找出更多类似帐篷形状的物体，并试问它还像什么？

有关帐篷的创意
英国斐德凯迪（FieldCandy）设计公司设计的创意帐篷——"书型帐篷"（Fully Booked）、"伯爵三明治帐篷"（Earl of Sandwich）和"西瓜片帐篷"（What a Mellon）。

改变固定思维

当你摆脱了传统观念和惯性思维的束缚，创意就会源源不断涌出。拥有创意灵感的办法之一，就是为我们日常生活中所做和所用的事物找一个替代品。当然，这些应该是生活中确定无疑、能够正常使用的物品。

重新设计轮子，第一部分
让·阿拉德设计的"无胎"（Two Nuns）自行车。阿拉德设计了橡胶轮胎和辐条轮的替代品。原有的自行车设计模式，已经沿用 100 多年之久。（参阅第 97 页"重新设计轮子，第二部分"）
参阅网站 www.ronarad.co.uk

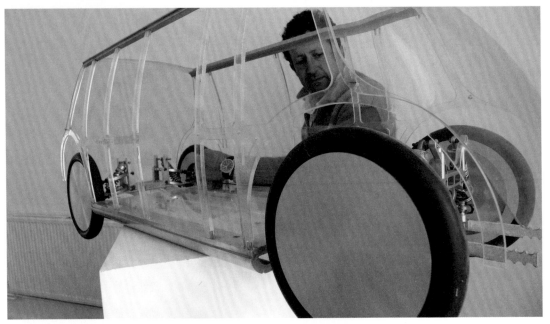

　　尝试为那些平时司空见惯且用途似乎已经确定无疑的东西设计一个替代品。在那些似乎已经确定的东西上面，你越是进行更多尝试，你越能找到更多创意。这其中，有的可能毫无意义，有的可能一无是处，有的可能妙趣横生，有的则荒诞不经（参阅第136页"拥抱荒诞"），剩下的也有可能是别人已经想到的。尽管如此，有的具有很大的潜力并被开发利用。一旦创意来了，你可以尝试将它们融合在一起。这样，更多的创意可能就会出现在你的脑海里。

"A"型电动出租车模型（上图一）

詹姆斯·摩尔和丹·查德威克（图中人物）对出租车几乎所有的原配装置进行了重新设计，装备了他们这辆极具创意的"A"型电动出租车。设计的大车轮极大提升了车的性能，对称的车身则极大降低了制造成本，驾驶座则处于中心位置。这些设计既提高了车的转弯半径，也可以让其在世界范围内销售。

参阅网站 www.danielchadwick.com

塑料轿车（上图二）

车容易生锈？为什么不用塑料来代替钢材呢？这款防锈塑料镶板雪铁龙梅哈利敞篷车（Citroen Mehari），由二战期间法国王牌飞行员罗兰·戴·拉·普波伯爵设计，1968 年投产以来，生产了 20 年之久。

例1：哪些是汽车上的传统装备？

人工驾驶：替代创意——无人驾驶。

车有四个轮子，两个前轮和两个后轮：替代创意——三个、四个或者六个轮子。

水平停车：替代创意——直立停车，城市中的停车位就可以翻倍了。

旧车报废：替代创意——改造其中的某些零部件，以便将来非机动车还能使用。

除非你花钱重新喷漆，否则你很难改变你的车的颜色：替代创意——设计一个能够不断变色的电子车身，同时还可以播放图像和动画。

车头和车尾的设计不同：替代创意——设计相同的车头车尾，可以减少生产成本。

备用轮胎很难取下来，碰撞后保险杠很容易变形：替代创意——设计易取备用轮胎，备胎另一用途可以被用作橡胶保险杠。

发动机安装在车的前部：替代创意——将发动机安装在车的一侧。卖出了数百万辆的宝马迷你车，就运用了亚力克·伊斯哥尼斯其中一个创意。（参阅第44页"画出你的创意"）

例2：在自助餐厅或者餐馆里用餐时，哪些是一成不变的？

餐馆提供食物：替代创意——自备食物。自带食材，并让厨师为你做；这是"带来"食物，而非"带走"食物。

厨师为你做菜：替代创意——你自己动手做菜。

服务员给你上菜：替代创意——自助上菜，你为其他客人上菜；通过传送带上菜；你点的餐食可以从天而降或者从桌子底下冒出来；用无人机给你送餐。

看不见的厨房：替代创意——明厨亮灶，厨师和烹饪过程是最大特色。

你根据菜单点菜：替代创意——厨师为你点菜，这是一家充满惊喜的餐厅。

头菜、主菜、餐后甜点，这些用餐顺序都是固定的：替代创意——像米其林三星级餐厅中斗牛犬（El Bulli）分店里的大厨费兰·阿德里亚那样做，来一顿有100多道菜的大餐。只上头菜的餐厅叫作"头菜菜单"，只上主菜的餐厅叫作"重头戏"，有的咖啡厅叫作"只点甜品"。

客人单座用餐：替代创意——共享餐桌，站立用餐餐厅。

按价付账：替代创意——按照感觉所值的价值付账、按照逗留时间付账、唱首歌作为晚餐的费用。

任务

尝试改变家里的固有格局。

尝试改变相机的固有设置。

解除烦恼

用创新的观点和创意的思维来解除我们面对的种种烦恼，因为烦恼可以激发创造灵感。因为独轮手推车陷在泥里，发明家詹姆斯·戴森发明了球轮手推车；因为真空吸尘器很快失去了吸力，他又发明了无袋式真空吸尘器。

戴森的另一个发明——空气叶片干手机——很好地解决了人们在洗手间里电子干手机不能够较好地烘干手的烦恼。发现生活中的烦恼，或者出现"我可以把它设计得更好"的一瞬间，说明生活中的一些物品、系统和结构，存在设计上的不足，有的可以进行改进，有的则压根不能用。

没完没了地在路口和人行道前等待绿灯，怎能让人感到爽快？有些国家对这种不足进行了改进，就是在信号灯上显示红灯倒计时的秒数。实践证明，这一应急设置，可以减少因闯红灯而造成的事故伤亡。另一个例子就是"红灯时可右转弯"——在北美、中东和德国，如果路上没有太多车辆，汽车、摩托车和自行车可以在红灯时向右转弯。这样，不仅可以缓解司机无聊等待，还

多米尼克·维尔克斯发明的鼻端笔
发现湿水的手指无法在手机触屏上冲浪的时候，维尔克斯决定采取行动，于是发明了洗澡时能够使用的鼻端笔。
参阅网站 dominicwilcox.com

"痴迷于改善那些欠缺的功能，往往可以激发出伟大的创意。"

詹姆斯·戴森，发明家

"想要改变周围那些让我抓狂的劣质品的想法，促使我去成为一名设计师。"

马克·纽森，设计师

"9.15 公平竞赛"中使用的消散式喷雾剂(左上图)
在 2014 年世界杯期间开始使用。

汤姆·狄克逊发明的"滚轮式"餐桌（左下图）
看到餐厅员工吃力地搬动笨重的餐桌，狄克逊发明了这种在底部有滚轮的餐桌，这样一个人就可以轻易地移动餐桌了。
参阅网站 www.tomdixon.net

重新设计轮子，第二部分（下图）
詹姆斯·戴森发明的球轮手推车。(参阅第 93 页 "重新设计轮子，第一部分")

可以缩短行车时间，减少怠速时的尾气排放。

厘清生活中的种种烦恼。想一下生活中那些让你火冒三丈的事情，如果它令你感到不快，那同样也会让他人讨厌——一个解决方案可能成为造福全人类的突破。

在一场公园足球比赛中，帕布罗·席尔瓦在罚任意球时被后卫侵犯，这让他非常懊恼。这促使他发明了裁判用来标记任意球发球位置的泡沫喷剂。"我很气愤，我跑到裁判那里申辩，但他却给了我一张红牌。也就是那个时候，我想到了这个办法。"极为简单的解决方法消除了他的烦恼，这是他和费尔南多·马丁内斯及海涅·阿勒马涅一起想出来的。

任务

尝试解除下面的烦恼：

"在行李传送带前，要等待20分钟，行李才从飞机上运下来，这让我很烦恼。"

"当我去加油站给汽车加油时，发现油箱盖似乎错位了。"

"晚上想出的高招起床后却记不起来了。"

叩问大自然

天敌的存在，使动植物具有了应对巨大威胁的能力；气候环境引起了它们在体形、生理结构和行为习惯上的变化，使它们更好地适应生存环境。让大自然的鬼斧神工来启发我们的奇思妙想吧。

> "进化是最杰出的设计师，它诠释了功能、优美、经济和持续性。大自然是灵感的源泉，它在时间的长河中解决了世间的所有难题。"
>
> 约翰·梅科皮斯，手工艺家具设计师

大自然中的模型

大自然中，无数的动植物有着让人惊异的能力，它们会飞翔、游泳、行走、潜水、导航、交流、筑巢、避难、保暖、散热、求偶、防御、攻击、自我保护、大快朵颐、贮藏食物、哺育后代、吸水、防水、储水、自我伪装，以及在大火、风霜和洪水中生存下来，这都给人类的未来发展提供了触手可及的蓝图和取之不尽的仿生模型。匈牙利画家、摄影师和教师斯洛·莫霍里-纳吉要求他的学生从大自然的精妙之中寻找灵感，把大自然当作"构建模型"。

如果蟑螂是这个世界上唯一能在核战中幸存的生物，那么我们又能从中学到什么让我们幸存的本领呢？

解决自然难题
速比涛（Speedo）公司的设计师在鲨鱼皮上发现了一个类似小齿状网格结构的造型。（放大后，见上图）在水中，它们可以减少水流的阻力。在 2000 年奥运会中，身着这种仿生结构泳衣的运动员，赢得了游泳奖项的绝大多数金牌，并一举打破了该项目 15 项世界纪录中的 13 项。

大自然是如何解决的？

遇到什么麻烦了吗？想想大自然是如何解决的吧！观察一下天然的工事、结构、美学架构甚至是族群组织，也看看自然界的高效性和系统性，这可以通过一种物质产生的废物滋养其他物质的过程体现出来。不仅如此，自然界的共生行为也值得注意，这一行为让完全不同的物种结盟合作、互惠互利。

观看由大卫·阿滕伯勒制作的自然纪录片，片中自然界的生物表现出与其环境相适应的特性，既振奋人心又让人惊喜不已。

马苏德·哈桑尼，Mine Kafon 地雷探测器
哈桑尼还是设计专业的学生时，就提出了一个排雷的绝妙方式。受到自制风力模型玩具的启发，他发明了无人扫雷机。这个装置由塑料、竹子、金属制成，成本低，靠风力发电。整个装置约有 2 米多宽，重约 91 公斤，这个重量既能使它触动炸弹，又能够随风滚动。

"你可以将自然界看成一个商品目录，自然界的各色'商品'得益于 38 亿年的长期'研发'。"

迈克尔·伯林，伊甸园项目的工程师

任务

想一想，大自然是如何解决的？

问题：我应当如何推介一场由新乐队表演的音乐会呢？
回答：尝试一些大自然中各色各样的信息传播方式。

问题：我如何制作一种既保暖又轻便的服装？
回答：参考一下硬壳昆虫的结构。

问题：如何可以定期改变汽车的颜色？
回答：看看蛇是如何蜕皮，螃蟹如何脱壳，变色龙和鱿鱼为适应环境如何迅速改变颜色的。

改变你的工作环境

像贝尔实验室、包豪斯公司大楼、洛克希德·马丁公司的司丹科工作室和布莱尔大厦，这些卓越的建筑中1平方米能够产生的灵感创意，就算把世上所有其他工作室的创意累加起来，也无法与之媲美。

在美国，这些地方声名鹊起，贝尔实验室已经成为科学创新和创造力的代名词，而司丹科工作室是一个组织中最具创意团体的昵称。这些世界上最具创意的地点提出了一整套建筑蓝图，来指导如何装饰和布置工作场所，以使身在其中的人们更容易找到新的灵感。

制定办公区规则

最重要的是制定一套办公区规则，让人们了解什么是个人成员和团队成员的行为规范。一旦跨越了思维的门槛，一套完整的办公区规则就成为对未来和行为的展望，也是强效的创新催化剂。在贝尔实验室，职员们可以对任何感兴趣的问题进行研究，唯一的要求是保持敞开的房门，因为其他部门的同事若有疑问，大家可以一起思考解决。贝尔实验室一直被称为"金点子工厂"和"传奇围栏"（参阅第10页"像孩子一样玩耍"），在这里人们可以杂乱无章，允许犯错误甚至是违反规则。伦敦的广告代理机构百比赫BBH（Bartle Bogle Hegarty）公司规定

在入口处放有一只真人大小的黑羊雕塑作为标志，象征着这是一个开拓狂野不羁思想的自由空间。

最大化的互动交流

工作空间应当是允许知识自由共享，允许创意的相互交流的。在布莱尔大楼里，年轻的作曲家团队在相邻的房间里创作，如纸张一般薄的墙壁意味着每位作曲家都可以听到其他作曲家正在创作的乐曲，从而使他们的创作互相渗透。

授予空间使用权

对于老一代的艺术生来说，他们共同拥有的美好记忆就是他们被允许持有工作室的钥匙，无论何时，通宵、整个周末或是假期，只要他们愿意，都可以来工作室安静地工作。让员工拥有公司这个大空间的使用权能够使个人在精神和身体方面放松自我，发展他们的理念，而不是被朝九晚五的工作制限制。

灵活的空间
伦敦设计节展示的一间房间内设有一个
巧妙的透视室，仅仅由 B & O（BANG &
OLUFSEN）设计的彩色丝线组成。

"伟大成就的构想总是离不开高期望值的。"

查尔斯·凯特灵，太阳能的发明者和先驱

"适宜的环境可以迅速激发创造力的潜能，谈
话过程中，工作就在不知不觉中进行了，这
会使你雄心勃勃，充满斗志，你会感到自己
处在一个充满无限可能的空间。"

约翰·迈尔森，广告学教师

共处一室

在格洛斯特大学的一个创意工作室中，他们的展板摆放在轮子、架子、屏幕和遮光百叶窗上，意味着它们可以在几秒钟内被重新布置起来。

重新布置

创意氛围应该是创造力在视觉上的具体体现。这里应提供最大限度的灵活性，而不是一成不变的空间。可以为不同的活动迅速重新布置的空间，提供了不断产生灵感的可能。一个为查尔斯·伊姆斯与蕾·伊姆斯工作过的设计师把他们在加州的工作室描述成马戏团，因为如果你把屋顶打开，你会看到工作室的布置一直都在变化之中。

成为领袖

一个曾在司丹科工作室工作过的员工说："每个地方都需要精力充沛的奋斗者或是激发智慧的火花塞。"一个领导必须得到尊重、信任，并被视为集体利益的代表者。最好的领导是拥有鼓励和激励员工能力的人，而不是独裁专制的人——他们扮演的角色通过集思广益来影响他人，并不断将事情推进，也通过组织参与比赛来保持竞争力，这有助于获取成果。在体育创意领域，最杰出的足球经理人和教练具有相似的特点，正如乔斯·穆里尼奥曾经反思自己的成功，这归因于他是一个被大家认可的领导。

"设计界的伟大领袖们在与其共事的人们心目中都构建了一系列共同的形象，最关键的是既能让人感到安全，但又充满挑战性，这似乎在一开始就是矛盾独立的。工作不能太过安定或舒适，这会导致人们一味重复，止步不前。每个人都需要知道和明白他们不是去被人判断，被人贬低或嘲笑。领袖必须给人以尊重，这意味着人们可以犯错误。如果你不建立双向信任，你就无法要求人们跳出常规，你也不能要求人们尝试完成那些可能无法实现的事情。所以，一定要让每个人都感受到无论他们想出什么都是有价值的。"

尼克·弗莱德，设计师和设计专业教师

任务

重新布置你的创意工作区域。

为你找寻灵感的空间创建一部成文的实施准则。

获得所有权
这些来自中国的艺术生受到鼓励，他们通过创造性地利用窗户、墙壁和前门的构造，建造了属于自己的全新建筑物。

创建独处空间

新的想法有时是在和别人互动的时候受到刺激产生或发展的。（参阅第49页"寻求帮助"和第102页"改变你的工作环境"）然而，独处时间也同样重要。

无论是专心还是随意地思索，拥有一个独立空间，让思绪随意游走，这对于思维过程至关重要。拥有自己的私人空间可以获得很多自由——按自己的计划进程去工作的自由，即使试验出现混乱和错误，也不必担心别人会干预或批评。在公共环境中，私人空间是形成和塑造你想法的必要条件。

建立归隐之所

　　像工作室、研究所和简易房这样的场所应该是很多人独立工作期间的不错选择。这些地方都非常适合那些痴迷和执念之人来居住。一旦沉浸在自己的世界中，你就可以摆脱朝九晚五生活当中条框分明的规则、惯例、拘谨的礼节和等级制度。作家罗尔德·达尔在他花园内一块阴凉地创建了自己的私人创意空间，这里只允许他一个人进入。他对自己进入这个创意空间后的改变进行了描述："你会变成另外一个人，你不再像一个普通人那样，只是四处闲逛、照顾孩子、吃饭和无所事事，你进入了一个完全不同的世界。"（参阅第34页"像孩子一样做事"）

创建一个随手可及空间——工具都触手可及

　　使用手上的工具和材料去探索和实验，这个过程可以给你新的想法，也有助于开发你脑海中已经存在的想法。一个能够使想法看得到的空间是创新的关键因素。通过实验、原型设计和试验将脑海中的想法变成可见的形象是思想演变的重要组成部分。（参阅第10页"像孩子一样玩耍"和第44页"画出你的创意"）

弗朗西斯·培根，伦敦"马厩"画室（上页图）
培根的工作室以杂乱无章而闻名，染料、刷子、书籍、图纸，以及裁剪的画布和撕裂的照片堆满了房间，其墙壁也涂满油漆。尽管如此，这就是 20 世纪一些杰出画作的发源地。

工作室肖像（本页图）
乔尼·尚德·基德拍摄于艺术家让·穆克和彼得·戴维斯的工作室。

工作室肖像，接上页
乔尼·尚德·基德拍摄于艺术家萨拉·卢
卡斯、马克·弗朗西斯和菲奥娜·瑞伊的
工作室。

任务

为你虚构的男女主角寻找一个私人空间，你可
以从那些充满相片的网站和书籍中找寻。例
如，作家萧伯纳花园中的一处小屋，那里随太
阳旋转，总是充满阳光。

尝试渗透

思想的空虚和贫乏不利于创意的产生。你需要大胆地投身于各种影响力当中——让你好奇的事物，让你向往的工作或是本领域的革新者，甚至是历史或当代风云人物的形象。通过这些具有影响力的渗透，你的思想会更加开阔，这是一个循序渐进的过程，通常也是无意识同化过程。

诗人狄兰·托马斯把他进行创作的场所（他花园里的一间小屋）描述为"激扬文字"之处，因为那里贴满了文学偶像作品的剪报——乔治·拜伦、沃尔特·惠特曼、W.H.奥登和威廉·布莱克。

尽管观摩别人的作品至关重要，但看到那些对你有特殊意义的个人作品和物件同样意义非凡。创建属于自己的"阿拉丁藏宝窟"，那里充满如昙花一现的珍宝、私人物品、收藏品和纪念品，这些都可以给你带来灵感。正如独特的故事、历史和记忆会在这些私人收藏当中留下深深的印记。

人脸照片墙
这些图片是从杂志上撕下来粘上去的，目的是激发艺术家奈杰尔·朗格弗德绘画的灵感。

兼具教师和设计师双重身份的尼克·普莱德提到了这些特殊的工作场所："每天你步入这个空间，这里的图像会给你'回应'，它们就是你工作的基础。你的思想会下意识地从这些图像中寻求创作的可能。"

如果你愿意接受这些图像带来的创作影响力的渗透，那么新的想法自然就会浮现于脑海里。

渗透出来的灵感（本页图和下页图）
格鲁斯特大学的插图和绘画专业的学生工作室里，充斥着大量的物品、实验和进展中的工作。

任务

从你的工作空间中收集一些让你才思泉涌的文字和图片。

改变风景

旅行具有能够激发创造性思维的能力。旅行的过程中，身亦动，心亦远。

世界上有200多个国家，不同国家解决问题的方式不同。当你身处国外，通常会遇到一些让你思路大开的经历，解决问题时也有了比国内更有效的方法。因此，我们明白了可以从其他角度或以其他观点看待问题，这对不存在的事物也一样有用。例如，在日本的机场，行李手推车可以上下扶梯；动车上的座椅可以旋转，使得乘客可以根据个人舒适程度调节座椅。

当你进入一个新环境，一切事物都是新鲜的、令人兴奋的，看待事物的时候，思路也比之前更加清晰和专注。在亚洲旅行的时候，设计师约翰·法沃特写道："在这里，有很多新鲜的事物令我感到不可思议。虽然这里很冷，气温零下5摄氏度，我注意到公交车上没有暖气，窗户上滴着水，比室外还要冷，但是大家都脱下了手套。我以为这是当地人民耐寒的表现，然而事实并非如此。当公交车急刹车或避开坑洼急转弯时，乘客可以握住车上的金属扶手避免受伤。这么看来，有人需要设计更方便的手套或更实用的扶手。"

别出心裁的想法 1
日本动车的旋转座椅能够使旅客随时调整他们行李的放置位置。

别出心裁的想法 2
东京的转盘停车位。

如果不能亲自出行，你可以借助国外电影、书籍、博物馆，通过想象力改变场景，让自己身处旅行中的风景。尝试旅行者的心境可以促进自身思维创新。正如作家本杰明所说："打开房门走出去，仿佛自己身处另一国度，去探索你所生活的世界，就好像你刚从新加坡的客船上下来，从未见过家门口的脚踏垫一样。"

即兴发挥

即兴发挥是一种解决问题的途径。它在重构解决方案中，将手头上的资源视为最佳要素。这种随机应变的能力要求你充分利用已有资源。

即兴发挥是一种迎难而上的创造能力。它是在面对极具挑战性的困境中产生的一种思考和行动的方式，比如被困、被抛弃、遭滞留、被捕、海上迷失方向或翻船或失事，都需要随机应变的能力。

某些即兴发挥的做法颇具传奇色彩。用丝袜来代替汽车断掉的风扇皮带甚至成为一个城市神话。英国间谍乔治·布莱克使用绳梯越狱，而绳梯的20个横档是由监狱提供给犯人的13号织针做成的。许多书籍和电影都擅于即兴创作表演，有事实也有虚构，包括《鲁滨孙漂流记》《大逃亡》和《阿波罗13号》。喜剧演员可以通过撇开既定台词或无视观众哄闹，在现场表演中表现出高超的口头即兴演出水平，观众的喜悦来源于演员巧妙地战胜逆境。音乐的即兴表演也是一种像高空走钢丝一样风险极大的举动。

阿洛拉和卡萨迪利亚，《在讨论中》，2005 年，视频静止（上图）
伟大的即兴创作者能在任何问题上将劣境转为优势。

利用随手可用的物品
即兴创作的雪橇（上页上图）和乐器（上页中图）。

农家庭院的即兴发挥（上页下图）
农民是著名的即兴创作者，橙色包装绳是迄今为止最受欢迎的材料。农民可以用它来修补、系结、拉扯、套索、阻截、固定，甚至可以暂时固定夹克坏掉的拉链。《农民周末》杂志曾经在愚人节刊登过一篇著名的文章，预言英国农业的发展会因包装绳的短缺而瘫痪。

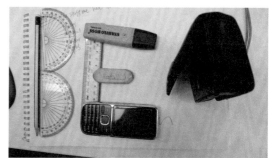

即兴拼写你的名字

看看学生们如何用手头的物品，即兴拼写出自己的名字——王鹏志（Wang Peng Zhi）、杰克（Jake）、雅思敏（Yasmin）、王（Wang）、谢伊（Shay）、提姆（Tim）、詹妮（Jenny）、本（Ben）、劳伦斯（Lawrance）、詹姆斯（James）。

走进工厂

观察事物的制作过程可以给我们带来灵感。探究一下半成品的生产和制造过程是产生突破的来源。方式有很多，比如走进工厂，与厂商、制造商、生产商、供应商、印刷工对话或参观实验室等等。

探讨生产过程与方法。同专家——制造商、维修商和回收商就过程与方法进行沟通、交流。这个过程需要我们在垃圾箱和废料桶里寻找那些被丢弃、闲置，或是等待再循环的材料。找到那些由于错印、套印、残次或是未检验，差一点就可以完成的材料，它们能够给你带来灵感，帮助你创造新事物。

当我们提出疑问——为什么事情是这样做时，收到的答案通常是因为它廉价又便捷。人们会告诉你："我们一般都这样做"或者"没人要求你用新的方法"。一成不变的问题总是能够带来新的灵感。杂志编辑拉斯洛·约瑟夫·比罗对打印机中的速干墨水产生了浓厚兴趣，与此同时，他也在思考其是否还能另有他用，就这样他发明了圆珠笔。

"观看工厂里产品制作过程让我非常振奋。通常，直到你亲自去到那里，看到产品被制造出来，它才真实存在你的脑海中。"

汤姆·迪克森，设计师

工具性思维（上页图）

艺术家和设计师马克·昂斯沃斯发现了一种完美的材料——在激光切割中废弃的木质曲面碎片，这些碎片组合成抽象的乐器形状，构成了这张音乐海报。

参观工厂

顺时针方向观察本页图，能带给我们灵感的要素，如机械师、喷砂轮、激光切割机、废料场、贮木场、杆秤和工作室。

任务

参观加工厂，根据你的发现进行开发设计。

相信你的直觉

在尝试解决问题的过程中，有时我们会难以控制内心一种自发的信念，朝着某个方向发展。这种即刻消失的刺激感有多种定义——预感、直觉、本能、第六感、一种强烈的感觉或是本能的反应，它指引着我们行为的方向，但却没有告诉我们原因。所以永远不要忽视你的直觉。

有人认为，这种感觉是对潜意识的认识。当遇到问题时，大脑会合理反馈与先前类似的解决方式。因此，我们获得了解决方法却没有意识到它们的相似性。当我们意识到的时候，这个过程已经结束了。导演弗兰克·卡普拉说过："直觉是一种创造力，它会给你启发。"多多倾听内心的声音，通过直觉开发思路。

也许我们真的应该跟着直觉走。大约有1亿个神经元嵌在胃和肠壁中，这些细胞为大脑收集和传递信息。

任务

灵感来自直觉，亲自动手做个试验。探索从本地花鸟市场购买的竹手杖的潜力，让你的直觉引导你面对挑战。尝试与你的直觉建立联系。

任务

记录并梳理你的直觉观点，考虑为你的直觉思考起一个名字。设计师大卫·卡森将其命名为"第二视野"。

帕特里克·休斯，《恐惧之源》，1984 年
去感受直觉引导你的过程，如果你忽略了
这个过程，你可能会遭遇危险。

漫游，沉思与修改

许多策略都聚焦于计划如何催化创意灵感。采取不同的方法却同样可以奏效，刻意不设定任何目标并开始行动，或者不设定预期结果和目标群体，向未知领域探索，一样能够产生新发现。

对于这种形式的活动我们可以称之为思想的"漫游"或"修补"，将工具、时间以及通过试验和尝试得到的方法进行结合，能使见解、领悟和成功得以实现。

通过亲身实践与拓宽视野的结合来实现创新思维，这种方式是令人愉悦的。它会带来开发个人创意灵感的尝试中最令人看好的项目。

进一步观察

参照创意学校的教学成果。作家、计算机科学家吉佛·塔利于加利福尼亚创办了该校的教育项目。（参阅网站www.tinkeringschool.com）

工具性思维
使用有毛病的扫描仪和照相机创作，能够引导摄影专业的学生以刺激的新方式记录世界。

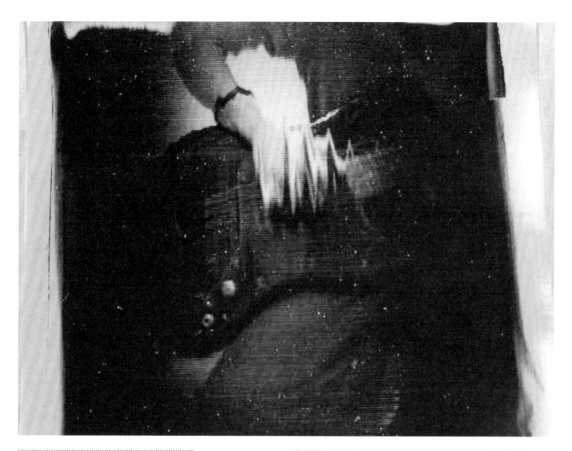

"小时候我喜欢拆东西，烤箱、收音机、唱盘和电池都被我拆散了，家里堆满了零件。有时候，我试着有序地将它们重新组装。由此看来，从那时起我就离不开设计行业了。对我来说，破坏事物是设计事物的第一步。修补事物给予你设计的灵感和知识，这是很难通过其他方式得到的。"

拉尔夫·黄，设计作家、编辑

任务

探索未知领域，去发现一部坏相机的可用之处。

尝试转换

转换的过程会极大刺激思维的产生。事物从一种形式或媒介转化成另一种不同的形式和媒介时，思维就能受到启发，向全新的、振奋人心的方向发展。之后，你的想法会层出不穷，于是你就可以在思维的大道上驰骋开来。

俄国艺术家瓦西里·康定斯基把古典音乐转换成抽象的绘画形式，用不同的颜色来代表音乐表达出的不同情感。与此同时，他还发明了一种将不同乐音转换成绘画指令的机器。

有目的地把思想、观点和问题转换成不同的形式或语言，由此产生的想象力可以引导出新的发现，获得新的理解，创造新的沟通方式。

把字母转换成戏服
来自中国艺术专业的学生在文字动画晚会上，把英文字母做成了演出服装。

任务

把下列词语转换成图画——三角形、正方形，热、冷、冰、快、慢。

把下列词语转换成艺术字体——懒惰、高兴、大喊、松软。

把下列味道转换成图画——研磨咖啡、新鲜面包、海边。

把下列音乐类型转换成图像——爵士乐、说唱乐、瑞格舞、朋克摇滚乐、经典音乐。

和朋友打哑谜猜以下城市——纽约、巴黎、悉尼、开罗、伦敦。

把一系列的单词和词组转换成图形字谜（图形代表某个单词或者单词的一部分）。

把图片转化成音乐（上图一）
音乐家本·霍夫把电线杆上一群鸟栖息的姿态转化成一首五线谱乐曲。

把单词或词组转化成图像（上图二）
完全通过图像创造出的词语、词组或信息，其优势在于可以成为全球通用的语言。

向梦中寻求灵感

人的想象力在梦中异常活跃，在这几个小时里，大脑中的想象力处于工作状态，在梦境中产生新的思维。梦中我们的思维是不太一样的，大脑摆脱了白天那些旧例常规的束缚，对事物进行重置、结合、压缩或是扩充，这是我们清醒时绝不会有的思维方式。

寻找睡梦中凝结的思想，清醒时用勾勒好的方法来解决先前棘手的问题，这种现象并不罕见。梦境中的思维更乐意去解决那些现实思维中解决不了的问题。

人在刚入睡或睡前的那段时间，大脑可能正处于有意识与无意识的"时间中介点"，此时我们的大脑似乎最富有创造力。发明家托马斯·爱迪生对这个短暂的"时间中介点"颇感兴趣，试图巧妙地运用这个中介点来激发创造力。他坐在火堆旁，手里还拿着一个球，他睡着后，球会掉到地上，他马上就醒了，此时他立刻写下他记得的所有事情。据说艺术家萨尔瓦多·达利也利用餐具做过类似的事情。

"夜晚，我们睡着后，大脑其实在秘密地给我们以启发。"

罗斯·唐，艺术家

"我们认为，梦境里发生的事情是记忆孔洞的敞开，可以预见到更为广阔的前景。"

马修·瓦尔克，神经学家

任务

尝试一下爱迪生握球睡觉的策略。

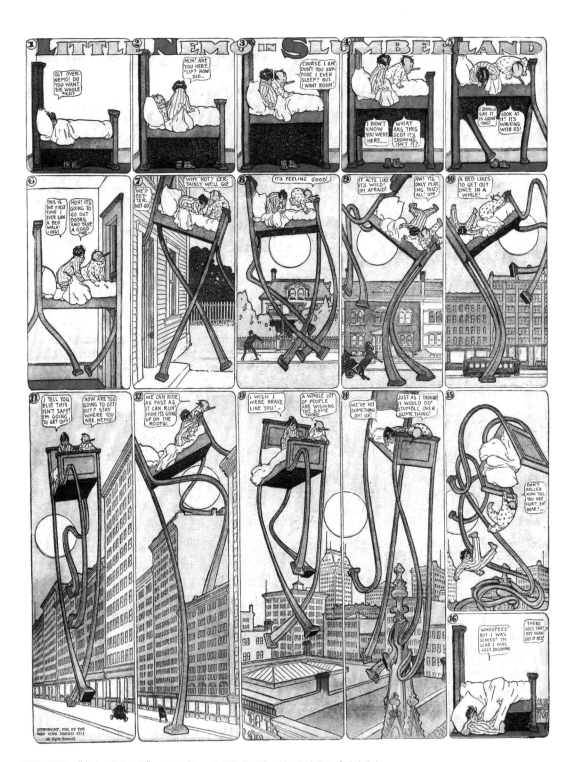

温莎·麦凯，《梦乡里的小尼莫》，1909 年
美国艺术家温莎·麦凯在他小尼莫的长篇系列漫画中，生动地描绘了梦中的奇异世界。类似描述梦境的影片在电影史上创造了令人难以忘怀的辉煌。例如，影片《绿野仙踪》，为阿尔弗雷德·希区柯克作品《爱德华大夫》创作的萨尔瓦多达利的片段插叙，《谋杀绿脚趾》和特里·吉列姆《妙想天开》作品中的梦境插叙。

劳逸结合

在努力找答案的紧张过程中稍作休息，可能正是解决问题的关键。这个违反直觉的做法似乎和我们的常识背道而驰，但一次次经验证明，当你稍作停顿，不再去纠结解决方法，做做其他事情，反而会有思路出现。

放下问题，做一些你喜欢的事情，如散步、阅读或听音乐，把问题抛到脑后，这时你的想象力会被问题激发，在你以为你快要忘记的同时，问题就迎刃而解了。因此，一定要确保把你的放松休息也作为创作过程的一部分。（参阅第176页"了解创作状态"）

开车兜风

对许多人来说，开车似乎能放飞思路。本书采访了一位设计师，她意识到自己总能在高峰时段的上学路上，等待交通信号灯的过程中产生想法。

"当我完全沉浸于自我世界，并陶醉于独处的欢愉中的时候，比如坐着车去旅行，午餐之后去漫步，或者深夜难以入眠之时，我的灵感如泉水般涌出，涓涓不息。"

摘自作曲家沃尔夫冈·阿玛迪乌斯·莫扎特的一封信，大约写于1789年

"最优秀、最有创意的想法来源于你放松的状态。我们忽略了一周内很重要的一件事，那就是思想的放松。"

加文·比勒陀·平尼，《赏云协会》的作者和始创者

马歇尔·杜尚、曼·雷，1919 年
在寻求思路的过程中，稍作休息和努力寻找解决办法同等重要。

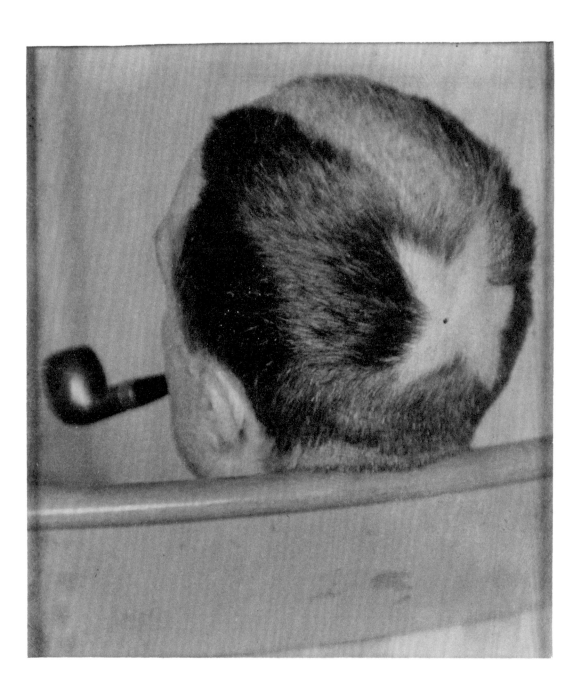

"我发现自己处于放松状态的时候，就会才思泉涌……和我的妻子走在伯恩茅斯的沙滩上，忽然我的灵感就来了。"

物理学家阿尔夫·亚当斯在讲到他如何发现激光时如是说。激光的发现推动了互联网、计算机、DVD、CD和超市扫描仪的发展。

"你的潜意识确实起了作用…… 最好的想法其实是在你漫步或是你不经意的状态下出现。你的潜意识如水下的巨大冰川，在你没有发觉的时候慢慢浮现。"

格雷厄姆·莱恩汉，电视剧《神父特德》和《IT狂人》的作者

"我总是在车里想到最好的办法。开车的时候我的思绪如云般游走并切入另一个模式，如同我正准备双管齐下——一边开车，一边神游。我总会在车里想到解决问题的办法。"

乐天·罗默，音乐家和作家

"需要停车记录下来的想法，这绝对是个了不得的妙点子。"

约翰·费尔沃特，设计师

"用知识填满你的大脑，然后释放你的理性思维。长途步行，洗热水澡，喝半品脱红葡萄酒，都会起到帮助作用。如果潜意识被启发，你的灵感将如泉涌。"

大卫·奥美，广告商

任务

做点其他事情——放松。尝试在努力工作和放松之间找到不同的时间平衡。找到一种最适合你的放松方式。（参阅第176页"了解创作状态"）

做个白日梦

做白日梦是一种特殊的创意活动，却常常被老师和老板嗤之以鼻。在白日梦的幻象中，我们的思维肆意游走，从不会受到方法、逻辑、目的的束缚。

一不留神就难以集中注意力，这时大脑处于放松、无意识的状态，自由且无拘无束。这种状态下，比起平常采用的其他办法，人脑更能轻松做出联系。《纽约客》的作者约拿·莱勒曾写道："幻象像不断涌出的泉水，它能创造出奇异的新点子，流向我们的意识之河。"

"如果云会做梦，它们会梦到什么呢？"

塔伊加·维迪提，导演、作家、画家、喜剧明星

"小时候，我们都爱做白日梦，没有人会不记得自己兴致勃勃地看云卷云舒的精彩经历，想象着它千变万化的形状。……长大后，我们却不愿意让自己的想象力随风飘荡。……我们应该时常放飞我们的想象力，让想象力乘着五彩云朵肆意翱翔。"

加文·比勒陀·平尼，《赏云协会》的作者和始创者

"白日梦般的幻想使大脑找到思路……我发明收音机的思路就来自非洲艾滋病的电视报道。节目里说只有通过信息传播，疾病才能人人知晓，从而得到有效控制，但当时非洲疾病区并没有电或者电池。我开始幻想，就想到了老式发条留声机的工作原理。收音机的发明正是源于这次天马行空的幻想。"

特雷弗·贝丽斯，发条收音机的发明者

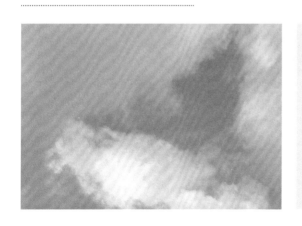

任务

我们几乎没有机会在当今的数字化时代下做白日梦般的幻想，因为我们有太多的东西要浏览、回答和同步、升级、更新。抽空做个白日梦，同时拍下你发现的新事物。

拥抱荒诞

从19到20世纪，最具创意的核心要素就是荒诞。像路易斯·卡罗尔和爱德华·李尔的荒诞故事，马克思兄弟、斯皮克·米尔根和蒙蒂·皮东的喜剧，塞缪尔·贝克特的戏剧，艾尔莎·夏帕瑞丽的时尚潮流，弗兰克·扎帕的音乐，达达主义和超现实主义的艺术作品，无一不是来源于荒诞的创意。

尼娜·桑德斯，《呼吸》，2007 年（上页图）
丹麦艺术家的这一大作，体现了惊人的思想
碰撞特点。参阅网站 www.ninasaunders.eu

马库斯·霍弗，《现实之旅》，2010 年（下图）
奥地利艺术家霍弗把自行车垂直嵌入墙体之
中，创作出一个矛盾统一体。
参阅网站 www.markushofer.at

荒诞的观念抛开了逻辑和理性世界的条条框框，以无稽、模糊和非理性取而代之。它们经常把不协调的事物进行非同寻常的组合。例如，"解剖台上缝纫机和雨伞的偶然邂逅"——来自19世纪荒诞之父、法国作家伊齐多尔·吕西安·迪卡斯（又名洛特雷阿蒙伯爵）的一首诗中。（参阅第53页）

"我认为任何设计创作，都需要由 30% 的尊严、20% 的美感、50% 的荒诞组成。"

福田繁雄，设计师

"创造力的主要敌人就是'理性的'感觉。"

帕布罗·毕加索，艺术家

"对于我来说，荒诞是唯一的现实。"

弗兰克·扎帕，音乐家

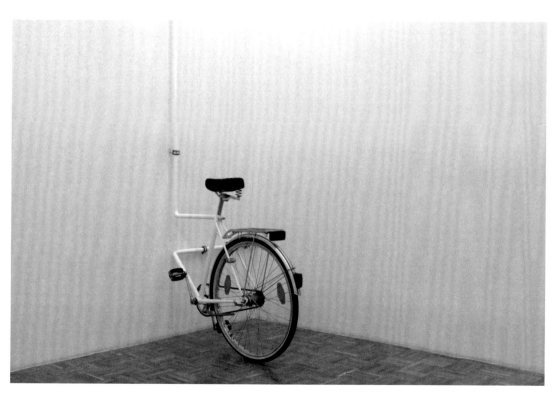

艾尔莎·夏帕瑞丽，鞋子造型的帽子，1937—1938 年

夏帕瑞丽和艺术家萨尔瓦多·达利合作设计了这个作品。通过把鞋子造型转戴到头上，颠覆性地改变了原本的客观世界。这一作品现陈列于伦敦维多利亚与艾尔伯特博物馆。

荒诞的想法正是因其不连贯性而产生影响力。不管我们如何努力，利用想象力把想法联系起来，但它们都无法兼容，因为这里没有遵循任何传统或常规的模式。尽管这种结合是成功的，但是这些元素之间仍需要一个结合的平衡点，用以激发我们的兴趣，带给我们欢乐，并引发我们的思考。

荒诞不经的想法往往能给创意带来突破。不要将看似可笑荒唐、缺乏逻辑的想法拒之门外。充分思考一下，把它看成一种可能解决问题的办法。

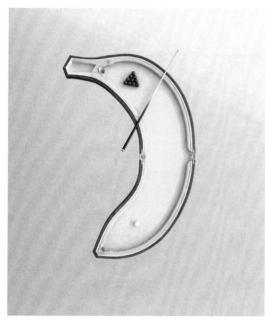

克里昂·丹尼尔，角落里的梯子和香蕉桌球台
艺术家和设计师丹尼尔用我们熟悉的事物打造出了不同寻常的效果，让人惊叹。
参阅网站 www.cleondanniel.com 和丹尼尔的伟大著作 *Unventions*。

任务

使用标识系统的可视化语言，创造出荒诞的标识，用以使观众混淆，发人深省或让人开怀大笑。

捕捉机遇

对于超现实主义艺术家、作家和诗人而言，机遇是一个至关重要的创新策略。在他们看来，捕捉机遇是让思维摆脱理性世界种种束缚的方式之一。机遇创作出的形象和文章，通常只有梦境中那些强烈的幻象才比得上。

萨尔瓦多·达利创作的《圣安东尼的诱惑》，
1946 年
达利的作品通常包含了梦境般的幻象及事物间奇特的并存。

在玩一些包括《美艳僵尸》在内的随机类画图游戏时，玩家们会轮流画出僵尸的头、身体和脚等部位，但是在将作品递给下一位玩家前，他们会将自己所画的那一部分折叠起来，这样彼此都不知道上一位玩家画了什么。通过随机选择，所完成的每一部分图画之间形成了一种新的关系，某些此前从未被意识到的关联性也会浮出水面。超现实主义者会运用拼画和拼词来玩类似的游戏。和前面提到的一样，他们也是在游戏最后才能看到所画和所写的全部，然后，他们将所得结果作为他们绘画和写作的创作起点。

包括威廉·巴勒斯、大卫·鲍伊和布里翁·金森在内的艺术家、作家和音乐家也运用了类似的创新策略。他们会将层层报纸分割成若干部分，在撕掉每一层报纸的过程中，发现一些文字和图像上的巧合匹配。

作为音乐家和艺术家的约翰·凯奇（参阅第172页）在一些作品的创作中，仅仅用掷硬币的方法来决定它们的音高、音长和音量。

"让机遇变得至关重要。"

保罗·克利，画家

勒内·马格里特，《集体发明》，
1934 年（见下图）
这种集体发明的创作仅仅是巧合吗？

任务

利用画图和组词来玩《美艳僵尸》游戏，看看会给你带来哪些新的启发。

利用超现实主义称之为"自动绘画"的做标记方法，在脑海中没有任何潜在任务的情况下，让你的笔在纸上毫无意识地快速写或画。几分钟以后，把这张纸拿给你的同伴，并让他们在你刚才随机写或画的基础上继续创作。可参阅安德烈·马森的自动绘画。

游戏："一词用一天"。

随机思维

在讲授"横向思维"时，爱德华·德·博诺提出随便在词典中找一个单词，并用它来引导我们思维方向的方法。一些广告公司也运用了类似的策略。项目经理阿雅·阿布–塔哈回忆到，"一词用一天——这个游戏就是看我们怎样把这个单词巧妙地用到谈话、聊天、报告和创意之中。作为一种催化剂，这个方法产生的效果非常好，更为令人惊异的是，它往往可以激发我们产生新的想法"。

自我限制

限制可以产生创意。创意设计师和作家艾伦·弗莱彻曾说过，"最糟糕的事情是有人告诉我'随便你做什么都可以'。然后，我就得给自己设定界限，限制自我"。

给自己设定界限，让有限的选择空间给你提供反抗的能力。与直觉恰恰相反，在选项简单和任务明确的情况下，这让你更容易产生想法，因为你知道，你需要做的就是让事情变得可行。

挑战快照亭
在窄小的快照亭内，艺术专业的学生们尝试表现得更具创新性。

我们使用这个快照亭时是否能有所创新呢？

呃……

限制与创意建筑

有意思的是，很多极富创造力的地方都选择建在旧建筑之中，并使它们自身能够与之前功能相匹配。此类例子不胜枚举：埃姆斯的工作室就位于一个旧车库里，罗恩·阿拉德工作室建在一家旧钢琴厂内，伦敦泰特现代艺术馆（London's Tate Modern）则是由旧发电厂改造而来。与从零开始建造相比，从现存的房间、墙壁、天花板和面积配置中的局限开始入手，将会制造出更具活力和让人兴奋的空间。

镣铐下的创造力

努力给自己划定界限会使你产生更多有创意的办法。刻意带上镣铐思考，更多选择便会呈现出来（见右侧）：

想一想

如果我的预算只有现有预算的一半，我将会怎么做？

如果我完成任务的时间只有现有时间的一半，我将会怎么做？

如果我只能使用现成的部分，我将会怎么做？

如果我只能使用现有的一点能力来拿出一个解决方案，我将会怎么做？

如果我只允许使用2枚、4枚、8枚或者16枚硬币，我将会怎么做？

如果我不用电脑工作，我将会怎么做？

如果我只能使用最廉价的材料去完成工作，我将会怎么做？

任务

快照亭挑战：在大街上或者火车站的快照亭里，我们可选择的空间非常有限。它们固定于地面之上，狭小的隔间仅有一盏灯、一个预先设定好曝光度的定焦镜头、一张白色的背景板和一个局促的可视范围。你要做的就是利用这些有限的条件进行创作。

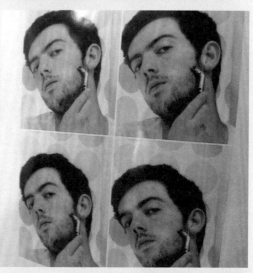

套用系统

把一个领域现有的、成功的、经过尝试并且可靠的系统运用到
另一个领域系统里，将会带来伟大的创新。

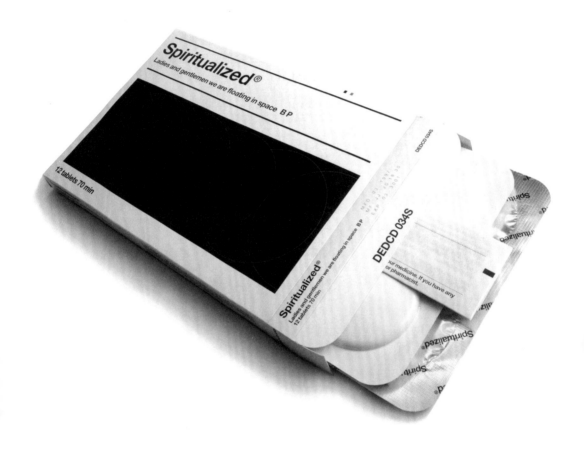

将药品包装运用到音乐领域

Farrow 设计公司用制药业中常见的设计来
包装 Spirtualized 乐队的唱片《女士们先
生们我们正在太空里漂浮》。唱片看起来
就像一盒处方药，每个"药片泡"里有一
张 CD，播放 CD 之前必须将它从锡箔纸

里取出来。药品说明书上印着参与人员名单
和欣赏 Spirtualized 乐队歌曲可能带来的"副
作用"。Farrow 设计公司接下来又用英国
医院急诊室的印刷风格来包装 Spirtualized
乐队后来的一张唱片。
参阅网站 www.farrowdesign.com

April 4-5 2014

CHELTENHAM DESIGN FESTIVAL

Book Tickets Now: 0844 576 2210
www.cheltenhamdesignfestival.com
Parabola Arts Centre, GL50 3AA

将房地产销售技巧运用到设计节活动中
一个现成的牌子，原本是立在那里供房产商印制广告的，现在它为高度原创的设计节活动提供了一个极有创意的方式。
参阅网站 www.cheltenhandesignfestival.com

发明家欧文·麦克拉伦运用二战中喷火式战斗机起落架的设计系统创造了世界上第一辆婴儿折叠车。詹姆斯·戴森把锯木厂中用来吸锯末的旋风回收系统运用到了真空吸尘器中（参阅第96页"解除烦恼"）。这两位发明家变革了先前的系统，并强化了自己的设计。市中心停车场的螺旋坡道可能相当标准，但是作为公共艺术画廊的室内走道却是相当怪异的。如果你发现当前的系统不尽如人意或存在不足，不妨借鉴一下别的领域的系统。

任务

了解剧院布景的快速更换系统，运用其方法来重新思考你的生活和工作环境。

系统组合

将先前存在的设施和系统进行结合与
互联，能够产生激动人心的新想法。

灯柱和球门柱的结合
获奖设计师汤姆·贾维斯的伟大想法——
灯柱球门照亮城市运动场。

"组合是创造性思维的基本特征。"

阿尔伯特·爱因斯坦，科学家

北京的地铁站将售票机和饮料瓶回收机合为一体，这一奇妙的想法使人们可以用空塑料瓶来付车费——谁不想用一用呢？

你受够了在家里等包裹吗？为什么不先直接寄送到你当地的报刊亭，等方便的时候再去领取呢？（参阅第96页"解除烦恼"）

这两个想法都把看起来似乎截然不同的设施结合起来。通过结合，它们被重新界定，既造福人类又受到欢迎。设计师罗宾·索斯盖特的弹出式烤面包机可以连接网络气象预报，这又是一个很好的例子——它通过在早餐面包片上印出代表晴天、阴天、雨天的符号来给吃早餐的人预报天气。

将废品回收和公共交通组合在一起（上图）
回收的废品可以用作你的出行费用。

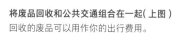

公益组合（右图）
西蒙·贝瑞有这样一个绝妙创意——将救命药和运送可口可乐的运输系统结合起来。这样，搭载药品的系统可以将药品送到非洲偏远的农村地区。这种"救命套装"的设计，正好可以将药放入货箱内瓶子的间隙中。

新系统也可以和现成的系统结合起来。19世纪80年代，为了实现电灯的民用化，发明狂人托马斯·爱迪生利用建筑物中已有的煤气管道来装配电线，并将灯泡置于可转化煤气装置中。今天，借助饮料公司建立起来的远程运输设施，运送医疗用净水机和治疗婴幼儿死亡的常见病药物，可以直接输送到非洲的偏远地区（参阅第149页）。

不需要去尝试创造一些全新的系统和设施，环顾周围已有的产品、设备、常见的运输办法、购买、运输、通信、信息和娱乐活动的传播等，都为我们组合和联系提供了可能。

将电话技术和家庭结合在一起，同样可以提供无数新的可能。在这一领域产生的创意，包括洗衣机、烟雾报警器和集中供暖系统等。

任务

积极思考，将短信功能和快照亭、自动售卖机、饮水机或者电子游戏机联系在一起。

现有的哪些系统可以与公用电话亭的网络联系起来，并应用于日常生活之中？在美国的格兰岱尔市和英国苏格兰的村子里可以看到这一应用，在那里的公用电话亭中就安装了求生电震发生器。而在其他地方，公用电话亭也被改装成了微型图书馆。

学会讲故事

当一连串的构思巧妙地交织在一起，那些精彩的故事让听众仿佛经历了一场惊心动魄的旅程。无论是一句笑话、半分钟广告、两分钟喜剧短片、三分钟流行歌曲和音乐电视，还是漫画小说、戏剧、歌剧、芭蕾舞剧、电影和电子游戏，这一切无不依赖成功的叙述。

精妙绝伦的书本设计、展会设计、网络设计和杂志设计中都蕴含着隐秘的叙述结构。摄影师也擅于通过照片来讲故事——他们通常会从简单的画面入手，找寻与其他事物的结合。事实上，他们更倾向于把这种完美的结合称之为"讲故事的瞬间"。

"讲故事就是实现创意最有效的方式。"

罗伯特·麦基，作家教师

"人类就是会讲故事的动物。"

萨尔曼·鲁西迪，作家

故事板游戏
用接龙的方式完成一个故事的创作，参与者要轮流编写故事的开头、经过和结尾。

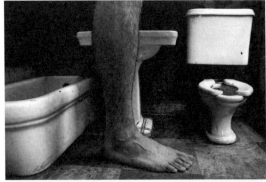

杜安·迈克尔斯，作品《奇异的东西》，
1973 年
艺术家兼摄影师杜安·迈克尔斯完美策划
和完成了一部循环故事。

好的故事需要抓住听众的注意力，俘虏他们的想象力，从而将他们引领到另外一个全新世界。最精彩纷呈的故事运用高辨识度的声音和图像效果，让读者、听众、观众或电子游戏玩家全身心投入到一个讲述者构筑的独特世界中。

好故事让人感觉其带有强烈的个性——故事中蕴含的内容能与你进行交流，通过认同与共鸣的方式，来投入你的思考与情感。电影导演丹尼·鲍尔把这种现象描述为"完美的真空"，这里故事与你珠联璧合，天衣无缝。

街景故事
艺术家丹·格莱斯特和阿里·奎利截取了
谷歌地图上若干街景图片，作为故事创作
的源泉。

当我坐在这里，我会思考一种犯罪人生。

我是怎样来到这里？我应该学会做些什么？

可能学些重要的生活技能，或者接受学校教育。

我可能会养一只鸟，教会它飞翔。

让它远离烦恼。

然后放飞它。

任务

尝试用图画来讲故事，找两位以上的同伴一起做。

将白板、黑板或一张纸等分为6或8个方格。

请一位参与者在第一块方格中画出一个故事的开头，要求故事开头要像演员爱娃·嘉德纳表述的那样"要有噱头"，就是一个引人入胜、让人欲罢不能的故事开头。

后续的参与者则轮流完成剩下格子里的图画。每位参与者的目标就是确定连续的图画情节能够跌宕起伏、峰回路转，最后用意料之外的结局让人意犹未尽。我们的目标就是让读者思考与微笑，并难以预测到故事的结局。

任务

用任意6张彩色铜版纸质的杂志彩页来创作故事并把故事讲给大家听。

这个任务需要两个以上的参与者。

选取6张全幅面的彩页——使用那些没有文字的，最好是一个主题范围内的彩页，比如旅游、时尚、运动、野生动物、肖像和新闻等。

把这6幅画水平按任意顺序钉在墙上。
基于彩页中的图像和摆放顺序创作故事，并把

故事讲给大家听。

使用同样的彩页讲述三个不同内容的故事：

1. 一个戏剧性故事
2. 一个爱情故事
3. 一个鬼故事

重视偶然

许许多多的革新创意和突破都是偶然事件的产物。比如，海因里希·鲁道夫·赫兹发现电磁波，亚历山大·弗莱明发现青霉素，威廉·贝金发现合成染料，约翰·韦斯利·海厄特发现赛璐珞，珀西·斯宾塞发明微波炉，曼雷发现中途曝光法和事物投影法，还有路易斯·达盖尔首次成功发明永久成像的照片。

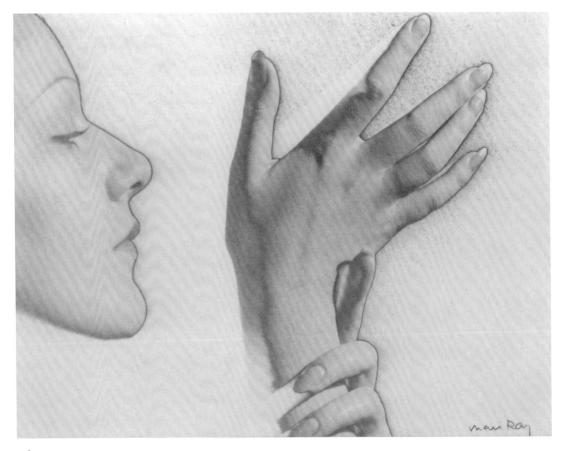

《侧影与手》，1932 年（上页图）
《无题的实物投影》，1922 年，曼雷作品
出生于美国的艺术家曼雷据说在暗房工作室偶然发现了中途曝光法（上页图）和事物投影法（下图）。由于他重视这一让人欣喜的偶然发现，而不是将它们置之不理，它们最终成为他在摄影作品中广泛使用的拍摄技巧。

对有些人而言，偶然发现解决了他们一直苦苦追寻的难题；而对另外的人而言，像海厄特和贝金，偶然发现让他们最终找到了一个完全不同的物质。你必须先有行动才有偶然。所有上面提到的发明和发现都来源于自身实践，以及主动追寻创意的头脑，很少有人只是痴人说梦般地画饼充饥，这样难以解决实际问题。此外，这些发明家通常思想开明，他们认为不是所有的偶然事件都应该被看成是不幸或灾难。他们深谙其中的道理：成功有时是基于这些出乎意料的结果的。

令人欣喜的偶然

带着开放的眼光看待偶然。画家常常在弄洒颜料或是画错几笔时，发现新的灵感。摄影师也常常会遭遇偶然事件——在拍照、扫描、冲洗相片和处理出错器械的时候，这些过程都能启发之前尚未发掘的新方法和技巧，以构建进一步开发这些方法和技巧的基础。在电影制作中，导演尼古拉斯·罗杰建议"放任偶然事件发生吧！"（参阅第10页"像孩子一样玩耍"）

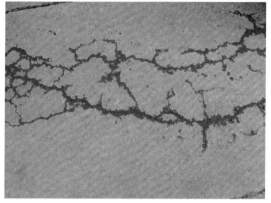

"瞬时，我画下的几笔创造完全不同的东西，这幅画就由我这偶尔几笔而来。然而，我并未刻意作画，我也未尝考虑过可以这样作画。这就像是接连不断的偶然事件，一个一个接踵而至。"

弗拉西斯·培根，画家

来自偶然的艺术作品
这些抽象的画面是偶然由自然作用形成的，或者偶然由人为干预形成。

任务

找出或拍下一些偶然的画面，可以是车轮留下的印痕，或是路上、人行道上的脚印和建筑物墙上的裂缝。

涉足新领域

创造力的方方面面就像是会员制的商店——很多活动只限于小范围的参与者。但是，一旦打破根深蒂固的传统束缚，闯入创造力的全新角斗场，就能带给你伟大的创意。一旦消除了学科间的壁垒，就能给你带来全新的思维和视野，引领你不断进步。

匈牙利籍设计师蒂博尔·卡尔曼带领其设计团队涉足许多不同学科领域，他的设计团队里原来很少人涉足过这些领域——如城市发展、影视编导、房地产品牌推广、唱片封套等。正如设计作家彼得·霍尔描述的，"一句老话'无知是福'，这个设计团队试图尝试之前不曾涉猎的领域，带来了令人惊叹的成功"。

就是对那些所谓不可能的无知让新思想、新创意浮出水面，引领人们探索未知的领域。生理学家南希诺思威尔说："靠近那些你不必太熟悉的领域，让自己浸入一个已被接受的世界；当你用完全不同的视角进入这个领域时，就像一个无知天真的人用异于圈内人的奇特目光审视一个完全不一样的世界。"

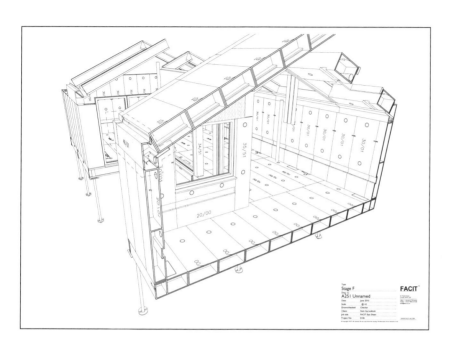

创意菲思之家（上图）

布鲁斯·贝尔摈弃了老旧的建造方式，使用全新的方法建造房屋，并以艺术设计作为房屋背景。贝尔的公司——菲思之家，使用 3D 模型设计出了房子的每个结构。接下来，移动工厂就地将 3D 数字模型转换为轻型易于装配的零件。然后，建造房子就像孩子玩乐高玩具，一片片组合安装起来。（参阅第 34 页"像孩子一样做事"或参阅网站 www.facit-homes.com）

汤姆·迪克逊（上页图）

阿迪达斯设计师迪克逊拥有工业设计的学科背景，这使他在设计运动服饰时总有新创意。如图这件调节式大衣，折叠层放开后可变成睡袋。

任务

工业设计师汤姆·迪克逊在运动服饰的设计中总有新创意，他解释说："我完全不是个运动健将，所以我能从一个完全不同的观点来解释体育世界。我很想成为业余运动员，所以我的设计考虑了那些入门级消费者的需要。"

请你结合自己不太熟悉的一个领域，从一个业余人士的视角进行设计，比如设计鞋子、时尚摄影、女帽设计、陶艺制作、版式设计或者园林建造等。令你意想不到的是，你的创意很快就能让你入门。

边缘交叉

创意，常常来自出现在各个学科交叉边缘处的思想碰撞和灵感迸发。然而，创意的各个领域——艺术、设计、科学、音乐、电影、舞蹈、时尚、写作、建筑、工程、表演、广告、烹饪等，通常在教学和实践中各行其是、各自为战。

其他的创意领域包括商业、运动、政治还有战争。一旦在这些领域的交叉边缘上，像发现、战略和实践这样的活动能够自由进行、畅通无阻，那么激动人心的创意突破就会随之出现。一个经典的例子就是时尚设计师海伦·斯托里和化学家托尼·莱恩之间的合作，他们共享彼此的学科背景知识，创立了催化剂服饰品牌，其服饰材料易于分解，可以回收利用；当暴露于光下，还可以降低空气中的污染物。

"科学研究不是坐在实验室里胡思乱想，而是要广泛与各行各业接触，从他们那里汲取新的创意。"

卡罗·W. 格雷德，诺贝尔科学奖获得者

让·夏尔·德卡斯泰尔巴雅克品牌（Jean-Charles de Castelbajac）2009 时装展示，安迪·沃霍尔连衣裙
摩洛哥裔设计师善于使用交叉边缘的手法，从电影、卡通、玩具、木偶等艺术形式捕获灵感。

化学与时尚之间的交叉

HWKN 设计团体创作的大型建筑，彰显了
设计师海伦·斯托里和化学家托尼·莱恩
在催化剂服饰品牌上的独特创意。

科学、烹饪和时尚之间的交叉

设计师罗德里哥·贾西亚·冈萨雷斯和纪尧姆·古驰设计出一种可食用矿泉水瓶（ohoo）。这种奇特的瓶子能代替传统塑料矿泉水瓶，饮用水装在由天然成分做成的一层薄膜内。这一灵感来源于 El Bulli 餐厅主厨费兰·阿德里亚，他将美味的汤水包裹在可食用的球中。阿德里亚也是从可食用薄膜的科学研究中获取灵感。

一些伟大的创意同样也出现在烹饪业，以领军人物加泰罗尼亚籍主厨费兰·阿德里亚为首的厨师们善于将科学知识融入烹调。达·芬奇也曾经跨入烹饪业。当时他应客户要求举办一次宴会，他决定把厨房变得自动化，于是他设计了传送带用于传递盘子，安装了喷水系统防止火灾。当发现餐厅普通员工无法完成餐盘上他设计的微型艺术品时，他请了一位艺术家朋友前来帮忙。最后，整个宴会变成一场噩梦，传送带断裂，厨房起火，喷水系统淋湿了所有的食物（参阅第88页"从失败走向成功"）。像贝尔实验室这样一直致力于研究交叉学科的机构（参阅第102页"改变你的工作环境"），经常邀请青年艺术家、作曲家、演奏家、音乐家与科学家、数学家、工程师共同工作，在音乐、电影、动画以及电脑绘图等方面取得了新的进展。

"以开放的心态对待事物，能让你脱离传统并获得新的设计灵感。开放地看待世界，让你的思维放飞。"

侯赛因·卡拉扬，时尚设计师

任务

和你的同学一起从一个新的学科入手完成交叉学科的实践。请分享学科知识并用于实践。

按字面意义设计

我们用非常熟悉的方式来使用语言和短语，但是我们忽略了字面能赐予我们新的灵感。

比如，你可以将大铁夹子（bulldog clips）做成斗牛犬（bulldog）形状，你也可以用钢丝栅栏（chicken wire）做成鸡形，用扶手（hand rail）做成扶手椅（armchair），把水罐（tank）装在水箱（tank）上，用色彩装点彩色明信片和巧克力纸盒。设计师丹尼尔·伊托克曾经用护照（passport）做成护照照片（passport photo），而艺术家迪克·朱厄尔也使用了各种杯子（mug）的照片来制作照片墙（mugshots）。（参阅第170—171页）。

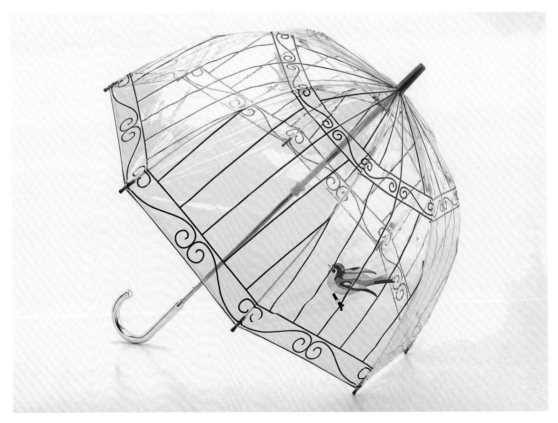

露露吉尼斯鸟笼伞（上页图）

经典手袋设计师露露发现伞的结构能被用于鸟笼时，这激发了她当季最畅销设计的灵感。

按字面意义设计（本页图）

设计师丹尼尔·伊托克的邮票（stamp）状印章（stamp）、自行车把手（handlebar）状弯弯胡子（handlebar moustache）、铅笔（pencil）状的两撇小胡子（pencil moustache），传授大师约翰·布鲁尔的咖啡桌书。

字母灵感
设计系学生用字母做成他们的帽子。

艺术家迪克·朱厄尔《一个国家的肖像画》
（见第 170—171 页图）
使用各种各样杯子（mug）的照片来制作照片墙（mugshots），在 eBay 网站上一天卖掉了成千上万个杯子。

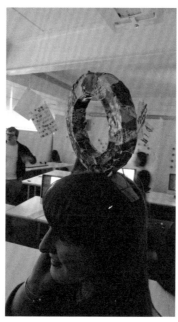

任务

设计一组照片或者是雕塑，使用字面理解的方法（特别是习语）来进行设计。在日常遇到的词语不论是演讲中还是电视和书上，我们总能找到它们字面以外的意义。

逆向思维

科妮莉亚·帕克，《冷黑物质：一个爆炸的视角》，1991 年

科妮莉亚·帕克利用逆向思维的方法，不是把艺术看作创造过程，而是毁灭过程：他把一枚炸弹放置在花园的大棚里，然后让爆炸引发的毁灭成为他的艺术创作。这的的确确是一个"爆炸性"的想法。

有些对待世界的方法和态度特别能够激发人的创造力，包括热忱、开放、幽默、韧性和独立等诸多优秀品质。那种看似荒诞不经、离经叛道的叛逆行为同样应该受到重视。它们也可以激发人们的创造力。

在你面对某些不可逆转的情况而纠结不清的时候，试着反过来想一想。把你心中的想法倒过来，说不定有新的发现。铁生锈了，你能变腐朽为神奇吗？照片上出现了红眼，你能把这个失误变成一幅人物肖像画吗？天天玩电脑游戏，你能把废墟般的虚拟世界重新建设起来吗？饮料弄脏了桌子，你能把它变为装饰图案吗？细嚼慢咽地品味旅行真的比囫囵吞枣地乱逛景点更好吗？音乐可以变成无声的吗？著名作曲家约翰·凯奇大胆创作了作品《4分33秒》，他用4分33秒的时间让乐队在舞台上不演奏任何乐曲，你能在YouTube上查到这段表演，这段表演甚至在凯奇的APP上也有下载。

> "我最钟爱艺术生的地方在于：当每个致力于工业生产的人开始使用电脑上的字体写字时，他们却在石头上镌刻出一个个字母。"

桑德罗·索达诺，设计师兼摄影师

逆向、对向与反向思维

——为你的酒店做广告，但要说尽自己的坏话。（参考全球最差评的酒店广告——阿姆斯特丹市的汉斯布林克酒店，尽管说尽了自己的坏话，可客人还是如潮水般拥来。）

——没有问题提问的，请举手。

——一张寻找主人的海报。

——"我身体太棒了，不能出席！"

——一个用泰姬陵做成的火柴盒。

——如果一切好（与"永远右转go all right"同音异义），那究竟是去向何方呢？

作家伊芙琳·沃曾经把自己的一天反过来过，早上喝白兰地抽雪茄，晚上才吃早点。

任务

如果在场每位观众都把自己的手机打开，你能想出如何把电影变得更好看吗？当幕布升起，如果每位观众和剧组人员都把手机打开，你能想出如何让表演更吸引人吗？

个性化创新

运用你的个人生活和经历也能激发出灵感和创意——想想有关于你的、你家庭的或者是与你各种背景有关的事情。

　　著名动画片《辛普森一家》的原创作者之一、阿尔·吉恩说："你能从真实生活中获取灵感。教过你的老师，你孩子面对的问题，你童年的趣事，你在书上读过的故事。"

"如果你能够意识到自己身上所具备的某些并不受欢迎的性格特征，你也不必煞费苦心去纠正，你可以将这些特点放到你的创作中。这并不是件坏事，因为你所表现出的缺点和不足能让你创作的人物更加丰富生动。"

史蒂夫·库恩，作家、演员，创作了许多卡通人物

"摄影师如果想让照片变得更加生动，他自己必须成为照片的一部分。我的意思是，摄影师更多地将自己的想法、观点、偏好、思念融入照片中，照片就会更具生命力，更能表现出照片的独特与美好。"

亨利·沃夫，平面设计师、作家

运用你自己的亲身经历，重写自己的故事，创作一集诸如《辛普森一家》的故事。

了解创作状态

如果想要自己才思泉涌，很重要的一点就是要了解什么状态最能够激发你的创造力。俄罗斯作曲家柴可夫斯基曾经回忆说："如果我们坐等创作灵感，而不是主动出击，和灵感半路相逢的话，我们的创作很容易变得乏味和枯燥。"

暴风雨的冲击
为了画成这幅《暴风雪——码头口外的机帆船》，据说艺术家 J. M. W. 透纳曾经在船帆上接受暴风雨的冲击，以便充分体验海上风暴带来的感觉。

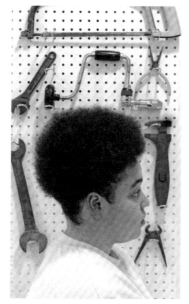

回忆一下，你在这本书中学到的获取灵感的种种方法哪个最能激发你的灵感，哪些活动、环境、合作能将你置于产生灵感的状态。从生活的细节、每日的日程安排、作息时间、睡眠时间中找到那些最能够激起你思维活动的安排。

任务

找出那些激发你灵感的创意过程和你崇拜的创意男女英雄，有些相当古怪。

德国诗人弗里德里希·席勒发现他闻到烂苹果味就能写出最棒的诗句。

画家J.M.W.透纳将自己绑在蒸汽船的桅杆上，这样他就可以画出海上风暴的样子。

法国小说家马塞尔·普鲁斯特偏爱在完全隔音的软木贴面房间的床上写作。

丘吉尔首相和法国小说家柯莱特都喜欢在床上写作——虽然不是在一张床上……

美国喜剧演员杰瑞·塞恩菲尔德只在黄色的便签本上写字。

最后一秒

就像你初次遇到一个挑战时那样，让你的脑子飞快转动（参阅第26页"重视你最初的想法"），因为这能让你这台机器在最后期限到来之前，保持加速转动状态。"最后期限（deadline）"这个词来源于监狱最边缘的那道防线，一旦囚徒跨越这条界限，就会导致被射杀的危险！

这一压力连同之前在解决问题过程中的经历，往往能让人在千钧一发的时刻迸发出最好的灵感。尽管这些想法要实现图像化和现实化还需要时间完成，展示出来也需要时间操演，但是永远不要忽视你最后一刻的想法，因为它很有可能就是你最好的想法。

在一些商业活动中，从业者有意让自己创作进程缓下来，这样最后期限的巨大压力往往能成为完成项目的主要因素——这就是最后一刻。（参阅第143页"自我限制"和第176页"了解创作状态"）

嘀嗒嘀嗒的时钟
就像最后期限嘀嗒嘀嗒地走近，我们也进入一个非常不同凡响的心理状态。

任务

尝试把任务留到最后一刻，收集和比对你最后一刻的想法，为你的那些想法想个名称。

练习，练习，再练习

你越是频繁地解决问题和发现可行方法，事情就会变得越容易。你会培养出一种对那些方法、过程、活动和随之而来的思维模式敏锐的理解力，最终你就能对你自己拥有的能力自信万分。

　　希望你能从这本书中学到一些探索新想法的路子，引领你找到灵感的源泉。

　　谢谢大家！

熟能生巧
不断练习获得灵感的方法，让你的想法深入人心。

图片版权声明

作为本书的作者和出版者，在这里要特别感谢以下单位及个人为本书提供了珍贵的图片，也一并对本书版权所有人的大力支持表示衷心感谢。本书不可避免地存在一些疏漏和不妥之处，欢迎读者同人批评指正，以便在今后的版本中做出相应更正和修改。

如下图片由作者提供：
8, 9, 11, 13, 14, 15TL, 15R, 33, 36TL, 36TR, 38, 40, 41, 42, 43, 45, 47, 48, 49, 54, 55, 60, 61, 62, 63, 68, 69, 72, 73, 85, 86, 87, 89, 94, 97T, 103, 104, 105, 107, 112, 113, 114, 115, 116, 118, 119, 121, 122, 123, 126, 127, 128, 129, 135, 141, 143, 145, 147, 150, 151, 155, 158, 159, 165, 167TR, 167B, 168,169, 174, 177, 179

10 Frederick Wilfred, Two Boys Fighting with Sticks, no date. © Museum of London

12 Otto Umbehr, Joseph Albers and students. c 1928. © Phyllis Umbehr/Galerie Kicken Berlin/DACS 2015

15BL Picture courtesy Hans Brinker Budget Hotel, Amsterdam

16 Courtesy Tom Mitchell

17 Design by: Brian Buirge + Jason Bacher, Image Provided Courtesy of Good Fucking Design Advice

18 Johnny Firewater

19L Laura Martin

19R BA Graphic Design archive, University of Gloucestershire

20 Rod Shaw

23 Courtesy Danese, Milan

25 Courtesy Jimmy Turrell

26 Paul Bradbury/Getty Images

28 Courtesy Moritz Waldemeyer

29 Courtesy Catwalking

30 Image courtesy Mary Katrantzou

31 Moving Platforms by PriestmanGoode. www.priestmangoode.com

32 Images courtesy of Seymour Powell

35 Private collection, London

36BL Courtesy Cut Magazine

36BR © WENN UK/Alamy

37 © Benoit Tessier/Reuters/Corbis

39 Peter Dench/Reportage/Getty Images

42CR Sheep Chair, 2011, Dominic Wilcox

44 ©British Motor Industry Heritage Trust

46T ©Victoria and Albert Museum, London

46B Jack Wimperis

51 Peter Kent

52 Courtesy of Pete Frame/Family of Rock Ltd.

56-57 Jonathan Garnett

58 Dan Knight, Heavenly Chorus (the inflatable bottle organ)

59 Victor Boyko/Getty Images Entertainment

64 Bottoms Up doorbell for Droog by Peter van der Jagt. Photo: Gerard van Hees. www.droog.com Droog

65 Courtesy Jack Schulze

66, 67 Private collection, London

70 Jack Wimperis

71 Courtesy Publicis/photo by Achim Lippoth

75 ©Victoria and Albert Museum, London

76-77 Courtesy the artist and White Cube

78 Mondadori Portfolio/Getty Images

79 Daniel Eatock

81 Nick Pride

82 Agency: DDB Copenhagen, Creatives: Mikkel Møller & Tim Ustrup Madsen. Photographers: Mikkel Møller & Tim Ustrup Madsen

83 Courtesy Arnold Schwartzman

84 TBWA Absolut Country of Sweden Vodka & logo, Absolut, Absolut bottle design and Absolut calligraphy are trademarks owned by V & S Vin & Spirit AB ©199. Photos by Graham Ford

91 Photo courtesy Jasper White

92 www.fieldcandy.com

93 Courtesy Ron Arad

96 Dominic Wilcox

97BL Peter Kent

97BR Image courtesy Dyson Ltd.

98 © Clouds Hill Imaging Ltd./Corbis

99 David Hancock/AFP/Getty Images

100T David Buffington/Getty Images

100B, 101 Hassani Design BV

108 Jane Bown/Topfoto

109, **110** Courtesy Johnnie Shand Kydd

111 Nigel Langford

117 Allora & Calzadilla Under Discussion, 2005. Single channel video with sound, colour, 6:14. Photo courtesy Allora & Calzadilla and Lisson Gallery

120 Mark Unsworth

125 © Patrick Hughes 2015. All Rights Reserved, DACS

131 Private collection, London

133 White Images/Scala, Florence/© Man Ray Trust/ADAGP, Paris and DACS, London 2015

136 Nina Saunders, Exhale, 2007 Size: 76 x 110 x 38 cm Materials: Victorian window seat, taxidermy dove, funnel, charcoal suedette, upholstery materials. Photo: Red Saunders

137 Markus Hofer, Tour de la realité, 2010. www.markushofer.at

138 © Ullsteinbild/Topfoto

139 Courtesy Cléon Daniel

140 Salvador Dali, The Temptation of St. Anthony, 1946. © Royal Museums of Fine Arts of Belgium, Brussels/© Salvador Dali, Fundació Gala-Salvador Dalí, DACS, 2015

142 Scala, Forence/© ADAGP, Paris and DACS, London 2015

146 Courtesy of Farrow

148 Image: Tom Jarvis, Helen Hamlyn Centre 2012/© Royal College of Art

149T © Liu Changlong/Xinhua Press/ Corbis

149B Image courtesy Simon Berry

152, **153** Duane Michals. Things Are Queer, 1973. 9 gelatin silver prints with hand-applied text. © Duane Michals. Courtesy of DC Moore Gallery, New York.

154 Dan Glaister and Ali Kayley

156 Man Ray, Profile and Hands, 1932. Gelatin silver print (84.XM.839.5). The J. Paul Getty Museum, Los Angeles/© Man Ray Trust/ADAGP, Paris and DACS, London 2015

157 Man Ray, Untitled Rayograph. 1922. Gelatin silver print (84.XM.840.2). The J. Paul Getty Museum, Los Angeles/© Man Ray Trust/ADAGP, Paris and DACS, London 2015

160 Courtesy Tom Dixon

161 Copyright Facit Homes

163 Alain Benainous/Gamma-Rapho/ Getty Images

164 Image courtesy: HWKN/Michael Moran/OTTO

166 Courtesy Lulu Guinness

167TL Daniel Eatock

167C John Brewer

170 Dick Jewell, '750 Mug Shots (a Portrait of a Nation)' 2007, inkjet print 120x190cm'

173 Cornelia Parker, Cold Dark Matter: An Exploded View, 1991. © Tate, London 2015

176 J.M.W. Turner, Snow Storm - Steam-Boat off a Harbour's Mouth, 1842 © Tate, London 2015

178 American Stock Archive/Archive Photos/Getty Images

致谢

我要向参与本书修订的乔·莱特福特（Jo Lightfoot）、莎拉·巴顿（Sarah Batten）、劳伦斯·金（Laurence King）致以崇高敬意，同时也要感谢盖纳·瑟蒙（Gaynor Sermon）对本书的编辑工作，彼得·肯特（Peter Kent）在收集本书图片上的倾力协助，还有查理·史密斯（Charlie Smith）对本书的设计。

我还要对我的学生表示谢意，他们来自中国的上海、苏州和大连，英国的伦敦和格洛斯特郡，感谢他们为本书的出版出谋划策。

本书的出版也得益于以下人员宝贵的支持，他们是：克里斯·J. 贝利（Chris J. Bailey）、丹·奈特（Dan Knight）、尼娜·桑德斯（Nina Saunders）、斯坦·威尔逊-科普（Stan Wilson-Copp）、罗德·肖（Rod Shaw）、杰克·舒尔茨（Jack Schulze）、多米尼克·威尔科克斯（Dominic Wilcox）、大卫·迈尔森（David Myerson）、克里斯汀·贝利（Christine Bailey）、杰罗姆·贝利（Jerome Bailey）、伊丽莎白·贝利（Elizabeth Bailey）、杰克·萨瑟恩（Jack Southern）、马克·昂斯沃思（Mark Unsworth）、尼克·普赖德（Nick Pride）、珍·维斯克德（Jen Whiskerd）、斯图亚特·威尔丁（Stuart Wilding）、蒂姆·亚当斯（Tim Adams）、托蒂·巴兰坦（Trudie Ballantyne）、莎朗·哈珀（Sharon Harper）、基伦·费尔普斯（Kieren Phelps）、皮尔斯·沃尔（Piers Wall）、鲁斯·埃奇（Ruth Edge）、约翰尼·尚德·肯德（Johnnie Shand Kydd）、杰克·魏泊思（Jack Wimperis）、保罗·格雷利耶（Paul Grellier）、哈利·格雷利耶（Harley Grellier）、莎拉·杰克逊（Paul Jackson）、詹姆斯·克里塞（James Kriszyk）、乔纳森·加内特（Jonathan Garnett）、关志（Chi Kwan）、汤姆·米切尔（Tom Mitchell）、利亚·杜罗瑞（Leah Duery）、希瑟·戈洛理（Heather Gromley）、夏洛蒂·布鲁克斯（Charlotte Brooks）、露西·布罗宁（Lucy Blowing）、查理·比森（Charlie Beeson）、尼古拉·萨默维尔（Nicola Summerville）、丽莎·拉韦吕（Lisa Lavery）、珍妮·叶夫基尼娅·库兹涅佐娃（Jenny Yevgeniya Kuznetsova）、崔希瑞（Sirius Choi）、法里德·索比（Farida Sobhi）、布赖特·马蒂塞·萨博库（Bright Matithep Subsakul）、丹·格莱斯特（Dan Glaister）、阿里·格莱斯特（Ali Glaister）、拜茜·格莱斯特（Bashy Glaister）、史丹利·格莱斯特（Stanley Glaister）、内森·格莱斯特·加西亚（Nathan Glaister Garcia）、马迪·吉尼斯（Maddy Guinness）、詹姆斯·穆尔斯（James Moores）、丹·查德威克（Dan Chadwick）、大卫·菲茨西蒙斯（David Fitzsimons）、詹姆斯·里德（James Reed）、塔巴·里德（Taba Reed）、帕特里克·里德（Patrick Reed）、艾丹·里德（Aidan Reed）、哈里·里德（Harry Reed）、泰莎·里德（Tessa Reed）、罗西·里德（Rosie Reed）、本·霍夫（Ben Hough）、帕夫洛斯·克拉科夫（Pavlos Kyriacou）、吉米·特瑞尔（Jimmy Turrell）、迪克·朱厄尔（Dick Jewell）、克里昂·丹尼尔（Cleon Daniel）、路易斯·琼斯（Louis Jones）、阿曼达·琼斯（Amanda Jones）、乔·莱希（Jo Leahy）、尼尔·沃克（Neil Walker）、阿雅·阿布-塔哈（Aya Abou-Taha）、杰拉·詹森（Gela Jenssen）、珍妮·罗宾逊（Jenny Robinson）、林景阳（Jingyang Lin）、杰克·杨帆（Jackie Yang Fan）、约翰尼·范沃特（Johnny Firewater）、达斯特·巴克斯特-莱特（Dusty Baxter-Wright）。

最后，对以下我的支持人、合作人、顾问以及其他给予我灵感的朋友一并表示感谢，他们是：约翰·布鲁尔（John Brewer）、奈杰尔·兰福德（Nigel Langford）、凯文·琼斯（Kevin Jones）、布莱斯·道格拉斯（Blaise Douglas）、凯特·文森特-史密斯（Kate Vincent-Smith）和雷德·桑德斯（Red Saunders）。

谨以此书献给莫（Mo）、莎拉（Sarah）和欧麦尔（Umar）！